音響サイエンスシリーズ編集委員会

編集委員長
富山県立大学
工学博士　平原　達也

編 集 委 員

熊本大学			九州大学		
博士（工学）	川井	敬二	博士（芸術工学）	河原	一彦
千葉工業大学			小林理学研究所		
博士（工学）	苣木	禎史	博士（工学）	土肥	哲也
神奈川工科大学			日本電信電話株式会社		
工学博士	西口	磯春	博士（工学）	廣谷	定男
同志社大学					
博士（工学）	松川	真美			

（五十音順）

（2017 年 6 月現在）

日本音響学会 編
The Acoustical Society of

音響サイエンスシリーズ

実験音声科学

音声事象の成立過程を探る

本多清志

著

コロナ社

刊行のことば

音響サイエンスシリーズは，音響学の学際的，基盤的，先端的トピックについての知識体系と理解の現状と最近の研究動向などを解説し，音響学の面白さを幅広い読者に伝えるためのシリーズである。

音響学は音にかかわるさまざまなものごとの学際的な学問分野である。音には音波という物理的側面だけでなく，その音波を受容して音が運ぶ情報の濾過処理をする聴覚系の生理学的側面も，音の聞こえという心理学的側面もある。物理的な側面に限っても，空気中だけでなく水の中や固体の中を伝わる周波数が数ヘルツの超低周波音から数ギガヘルツの超音波までもが音響学の対象である。また，機械的な振動物体だけでなく，音を出し，音を聞いて生きている動物たちも音響学の対象である。さらに，私たちは自分の想いや考えを相手に伝えたり注意を喚起したりする手段として音を用いているし，音によって喜んだり悲しんだり悩まされたりする。すなわち，社会の中で音が果たす役割は大きく，理科系だけでなく人文系や芸術系の諸分野も音響学の対象である。

サイエンス（science）の語源であるラテン語の *scientia* は「知識」あるいは「理解」を意味したという。現在，サイエンスという言葉は，広義には学問という意味で用いられ，ものごとの本質を理解するための知識や考え方や方法論といった，学問の基盤が含まれる。そのため，できなかったことをできるようにしたり，性能や効率を向上させたりすることが主たる目的であるテクノロジーよりも，サイエンスのほうがすこし広い守備範囲を持つ。また，音響学のように対象が広範囲にわたる学問分野では，テクノロジーの側面だけでは捉えきれない事柄が多い。

最近は，何かを知ろうとしたときに，専門家の話を聞きに行ったり，図書館や本屋に足を運んだりすることは少なくなった。インターネットで検索し，リ

刊行のことば

ストアップされたいくつかの記事を見てわかった気になる。映像や音などを視聴できるファンシー（fancy）な記事も多いし，的を射たことが書かれてある記事も少なくない。しかし，誰が書いたのかを明示して，適切な導入部と十分な奥深さでその分野の現状を体系的に著した記事は多くない。そして，書かれてある内容の信頼性については，いくつもの眼を通したのちに公刊される学術論文や専門書には及ばないものが多い。

音響サイエンスシリーズは，テクノロジーの側面だけでは捉えきれない音響学の多様なトピックをとりあげて，当該分野で活動する現役の研究者がそのトピックのフロンティアとバックグラウンドを体系的にまとめた専門書である。著者の思い入れのある項目については，かなり深く記述されていることもあるので，容易に読めない部分もあるかもしれない。ただ，内容の理解を助けるカラー画像や映像や音を附録 CD-ROM や DVD に収録した書籍もあるし，内容については十分に信頼性があると確信する。

一冊の本を編むには企画から一年以上の時間がかかるために，即時性という点ではインターネット記事にかなわない。しかし，本シリーズで選定したトピックは一年や二年で陳腐化するようなものではない。まだまだインターネットに公開されている記事よりも実のあるものを本として提供できると考えている。

本シリーズを通じて音響学のフロンティアに触れ，音響学の面白さを知るとともに，読者諸氏が抱いていた音についての疑問が解けたり，新たな疑問を抱いたりすることにつながれば幸いである。また，本シリーズが，音響学の世界のどこかに新しい石ころをひとつ積むきっかけになれば，なお幸いである。

2014 年 6 月

音響サイエンスシリーズ編集委員会

編集委員長　平原　達也

ま え が き

　本書は，音声信号の背景にあるヒトの体の仕組みを理解するための手がかり
になることを期待して，音声科学，実験音声学，音声臨床に携わる研究者，技
術者，および学生を読者対象として，実験により得られた観測データを数多く
示すことを目的とした。

　音声信号を資料として研究を進めるにつれ，なぜそうなのかという疑問が生
じる。音声信号を記録すれば，それは単なる時系列の交流波形であることがわ
かる。その中に日常の情報交換に必要なすべてが含まれている。しかし，その
ような情報がなぜ音の波の形になるのか。この問いに答えるためには，ヒトが
音声を出力する仕掛けを明らかにすればよい。ところが対象がヒトであるとい
う理由で，その試みは簡単な方法では解明できない。音声は特異な科学研究の
対象であって，人体の観測手段に制約があり動物モデルによる類推も限られて
いる。したがって研究者たちは，新しい装置を作って新しい事実を見出す努力
を重ねてきた。記録に残る過去の努力は，われわれの想像をはるかに超える精
緻なものがある。音声の実験的研究が300年を経て，得られた知識は十分に蓄
積され，もはや新しい事実はないという理解が一般論かもしれない。その反
面，時間というフィルタ作用により，われわれの現在の理解は，定型化された
データと単純化されたモデルが源泉になっているのではないか。個別の音声現
象を目の前にしたときに，その生成的背景を解読するには，集約されすぎた知
識では不十分であるかもしれず，新しいモデルが必要になる局面が現れるかも
しれない。

　本書では，そのような疑問に対して，非定型で複雑な音声現象の生成要因を
明らかにした研究の経緯を説明したい。音声の現代的な実験研究は，サウンド
スペクトログラフに始まり，パタンプレイバックにより発展した。発声に関し

ては声帯振動観測法の発展が理解を進め，調音に関しても専用の研究装置が開発され，新しい医用画像装置が援用された。新しい装置の使用によって研究を進めるにあたり必要な事項は，やはり人体の構造との関連による現象の理解であると思われる。そのような観点から，音声研究に必要な実験音声科学の装置のみならず，問題となる音声研究の課題について，解剖と生理の背景に関する最新のトピックを解説し，最後に長年の課題でありながら未解決となっている問題を取りあげる。

2018 年 6 月

著　　　者

目　　　次

───第1章　音 声 の 性 質───

1.1　母音の実験的研究 …………………………………………………… 1

　1.1.1　母音とスペクトル ……………………………………………… 1

　　1.1.2　母音理論論争から母音知覚研究へ………………………………… 6

1.2　聴覚研究と母音の分析 ………………………………………………… 13

　1.2.1　聴覚研究小史 ……………………………………………………… 13

　　1.2.2　母 音 の 聴 覚 像 ………………………………………………… 16

1.3　音節を対象とする研究 ………………………………………………… 19

　1.3.1　音 節 の 構 成 …………………………………………………… 19

　　1.3.2　音節内における母音の性質 ……………………………………… 20

　　　1.3.3　有声音と無声音 ……………………………………………… 24

　　　1.3.4　音 節 の 連 鎖 ……………………………………………… 25

1.4　ま　　と　　め …………………………………………………………… 30

引用・参考文献…………………………………………………………………… 31

───第2章　発 声 の 機 構───

2.1　声帯と声門音源 ………………………………………………………… 36

　2.1.1　声 帯 の 振 動 …………………………………………………… 36

　　2.1.2　声 帯 の 形 ……………………………………………………… 39

　　　2.1.3　声門気流音源の形 ……………………………………………… 41

2.2　声の高さの変化 ………………………………………………………… 44

　2.2.1　声の高さ，声帯張力，呼気圧の関係 ……………………………… 45

2.2.2 声の高さを変化させる筋性機構 ……………………………………… 46

2.2.3 アクセントとイントネーション ………………………………………… 51

2.2.4 マイクロプロソディ ……………………………………………………… 55

2.3 ま と め ……………………………………………………………………… 60

引用・参考文献 …………………………………………………………………… 61

第3章 調音の機構

3.1 調音の要素 ………………………………………………………………… 65

3.1.1 調音器官の構造 ………………………………………………………… 66

3.1.2 調音器官の特性 ………………………………………………………… 69

3.2 調音と音響との関係 ……………………………………………………… 76

3.2.1 調音と音響の対応関係 ………………………………………………… 77

3.2.2 調音と音響の非線形的関係 …………………………………………… 78

3.2.3 調音の安定性と不安定性 ……………………………………………… 81

3.2.4 量子的性質と知覚対比の強化 ………………………………………… 85

3.3 声道の形状と共鳴 ………………………………………………………… 87

3.3.1 声 道 の 形 …………………………………………………………… 87

3.3.2 定在波と多重反射 ……………………………………………………… 88

3.3.3 声道共鳴:低域の特徴 ………………………………………………… 89

3.3.4 声道共鳴:高域の特徴 ………………………………………………… 92

3.4 ま と め ……………………………………………………………………… 94

引用・参考文献 …………………………………………………………………… 95

第4章 音声の中枢制御

4.1 音声の生成と中枢機構 …………………………………………………… 99

4.1.1 音声情報交換を支える大脳皮質 ……………………………………… 99

4.1.2　音声生成と知覚の皮質領域 ……………………………… *101*
　　　4.1.3　音声生成系を巻き込む音声知覚の神経回路 ………… *106*
4.2　音声生成と知覚の関係 …………………………………………… *107*
　4.2.1　言　葉　の　鎖 ……………………………………………… *107*
　　4.2.2　感覚統合に基づく音声生成モデル ……………………… *109*
　　4.2.3　発声に関わる皮質下の構造 ……………………………… *112*
4.3　音声生成の聴覚フィードバック ……………………………… *114*
4.4　音声知覚の運動説とミラーニューロン説 ………………… *117*
　4.4.1　音声知覚の運動説 …………………………………………… *117*
　　4.4.2　音声知覚のミラーニューロン説 ………………………… *121*
4.5　ま　　と　　め …………………………………………………… *125*
引用・参考文献……………………………………………………………… *126*

──── 第5章　音声の個人性と共通性 ────

5.1　鍵のかかった問題 ……………………………………………… *129*
　5.1.1　過去の母音研究から ………………………………………… *131*
　　5.1.2　音声の個人性および母音の正規化の要約 ……………… *133*
5.2　音声の個人性特徴と生成要因 ………………………………… *135*
　5.2.1　高い周波数領域の特徴 ……………………………………… *135*
　　5.2.2　女声の個人性の問題 ……………………………………… *139*
5.3　母音フォルマント領域における個人性特徴 …………… *141*
　5.3.1　固定腔・硬性器官の効果 …………………………………… *142*
　　5.3.2　舌の運動速度の個人差 …………………………………… *145*
5.4　音声の共通性の生成要因 ……………………………………… *149*
　5.4.1　声道長の調節要因 …………………………………………… *149*
　　5.4.2　声道形状の調節要因 ……………………………………… *151*
5.5　音声の共通性の生成要因 ……………………………………… *152*
　5.5.1　母音の正規化 ………………………………………………… *152*

viii　　目　　　　　　　次

　　　5.5.2　母音生成の安定性からみた母音の共通性 ……………………… *155*

5.6　ま　　と　　め ……………………………………………………… *160*

引用・参考文献 ……………………………………………………………… *161*

────── 付章　発声と調音の観測法 ──────

A.1　発声機構の観測 …………………………………………………… *164*

　A.1.1　声帯の観察法 ………………………………………………… *164*

　　A.1.2　声帯振動の可視化法 ……………………………………… *165*

　　　A.1.3　グロトグラフ法 ……………………………………… *168*

　　　　A.1.4　呼気流計測法 …………………………………………… *170*

A.2　調音機構の観測 …………………………………………………… *171*

　A.2.1　調音運動の計測と分析 ……………………………………… *171*

　　A.2.2　磁気共鳴画像法の利用 …………………………………… *176*

　　　A.2.3　筋電計測法 …………………………………………… *179*

引用・参考文献 ……………………………………………………………… *180*

あ　と　が　き ……………………………………………… *184*

索　　　　　引 …………………………………………………… *186*

第1章
音 声 の 性 質

1.1 母音の実験的研究

　音声の性質に関する理解は 19 世紀における音響学の基礎の完成に引き続いて 20 世紀前半の母音の理論的・分析的研究により深まり，20 世紀後半ではスペクトログラフという画期的な装置の出現により子音を含めた音声の分析的・実験的研究に発展した。また，スペクトログラフの編集による音声合成により音声知覚研究という新しい領域も出現した。本章ではスペクトログラフを用いた初期の音声研究のテーマとそれぞれのその後の発展を振り返ることにより，どのような実験研究の経緯により音声の性質が理解されるに至ったかをまとめる。

1.1.1　母音とスペクトル

　音声に関する種々の疑問を実験によって明らかにしようとする場合，初期の研究において扱われたいくつかのテーマを取りあげてどのような手段で音声の性質を調べたかを振り返ることは，今後の研究の進展を目指すための糸口として必ずしも遠回りの方法ではないと思われる。音声研究の近代における経過を振り返ると 1945 年前後を境界時期とした不可解な不連続性が目立つようにみえる。これにはもちろん戦争による空白とその後の再出発という研究を取り巻く社会環境の変化が考えられる。しかし，それだけが不連続性の要因ではなく，異なる研究対象に向かわせるような技術的な進歩がその当時に起こったか

2　1. 音声の性質

らではないかと思われる。20世紀前半に行われた音声研究の対象として注目すべきトピックは「**母音**」であり，当時の実験的音声研究は調音を手がかりとした母音の位置づけと声道の音響学的性質の解析を対象とした。この流れは，19世紀に始まる音響管の共鳴理論，X線撮影による声道計測，機械的あるいは電気的な音響技術，機械式波形分析器，**フーリエ調和解析法**などの手法に支えられてきた。これに対し，20世紀後半の音声研究に大きな進展をもたらした技術は音声信号の効率的な分析・合成の方法であり，サウンドスペクトログラフとパタンプレイバックという二つの装置が大きな役割を果たしたと考えることができる。

〔**1**〕　**サウンドスペクトログラフ**　　サウンドスペクトログラフ（sound spectrograph）は1940年前後の時期にベル電話研究所において音声を周波数と強度の時間変化として可視化する電気機械式の自動分析器として開発された。この装置は，高度聴覚障碍者が音声を理解するため視覚電訳機（visible translator）を目指して開発されたものであったといわれる[1][†]。その頃，ベル電話研究所ではスペクトログラムの実時間表示装置あるいはスペクトログラムに基づく音声再生装置なども製作された[2]。また装置は第2次世界大戦中には対戦国の無線通信士の暗号化音声を解読するための分析器としての応用が期待された。戦後には音声理解補助装置としての改善が図られるとともに，音声の諸性質を理解し電気通信の諸問題を解決するための音声分析装置として応用された。**図1.1**は，開発当初の電気機械式装置を示す図であり，音声の磁気録音と時間・周波数パタンの描画を一体化した巧妙な機構が採用されている[3]。**図1.2**は，Potterが申請した特許[4]に記載されたスペクトログラムの例であり，周波数帯域の異なるバンドパスフィルタが用いられている。金属ドラムに巻きつけたファクシミリ用紙に放電描画したサウンドスペクトログラムはダイナミックレンジが狭く10dB程度であったといわれ，そのために描画信号の出力には振幅圧縮回路が用いられており，FFTパワースペクトルに基づく現在

[†]　肩付きの数字は，各章末の引用・参考文献の番号を示す。

1.1 母音の実験的研究　3

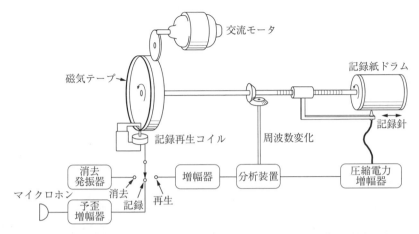

図 1.1 電気機械式サウンドスペクトログラフの録音分析描画機構[3]。磁気記録円盤と記録紙ドラムは回転シャフトにより連結され，シャフト回転により記録針が記録紙ドラム上を移動する。記録された信号はシャフト回転に同期したヘテロダイン方式の分析装置により音声信号の周波数帯域が漸次変換され，その変換信号は単一のバンドパスフィルタを経たのちに振幅圧縮された帯域強度が導電紙上の周波数位置に出力される。予歪増幅器（pre-distortion amplifier）はプリエンファシス用のハイパスフィルタに相当する。

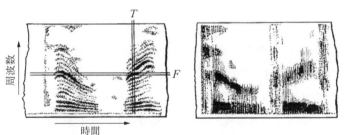

（a）狭帯域スペクトログラム　　（b）広帯域スペクトログラム

図 1.2 サウンドスペクトログラムの例[4]。ヘテロダイン分析器からの出力信号を（a）狭帯域（45 Hz）および（b）広帯域（300 Hz）のバンドパスフィルタを介して描画したもの。図（a）において時間軸上の点 T における周波数軸上の成分 F の強度がスペクトログラムに描画されることを示している。Potter は描画装置に露光針（optical stylus）と写真フィルムを用いることにより，ポジ画像ないしネガ画像のスペクトログラムを作成することが可能であると記載している。

4   1. 音 声 の 性 質

のスペクトログラム[5]とはフォルマントの帯の表現が若干異なっている。サウンドスペクトログラムが戦前に開発された機械式の記録・分析装置と異なる点は分析対象の時間長にあり，母音の単一周期の分析に限られた従来の方法に対し，単語や短い文章を分析対象とすることが可能であった。

　ベル電話研究所ではサウンドスペクトログラフを用いた音声の研究が進められ，音声の性質として今日知られている多くの基本的な事実が明らかにされた。Joos[6]はこの装置を用いて母音の調音とフォルマント周波数との関係を調べ，**第1フォルマント**（F1）が舌位置の高低に，**第2フォルマント**（F2）が舌の前後位置に対応することを見出して，舌の最高点の分布図と座標軸を反転した **F1-F2分布図** とが相互に対応することを報告している。さらに，母音のフォルマント周波数が個人内においても個人間においても変動することを見出している。続いて，Delattre[7]は，Joos の描いた母音三角形と調音との一致を確認したうえで，F1 が狭めのある子音に後続して右上がりに遷移すること，F2 が唇の突出しを伴う母音で低下すること，F3 がフランス語の鼻母音における軟口蓋の下降や米語の r 音における舌先のそりに特徴的であることなどを調べている。一方，Miller[8]は合成母音の聴取実験において基本周波数（F0），フォルマント周波数と振幅，母音に固有のフォルマントの数のすべてが母音知覚に重要であると報告している。以上のように母音知覚の要因についての異なる考え方は現在においても引き継がれており，Delattre のように二つないし三つのフォルマントに求める考え方を**フォルマント由来モデル**（formant-based model），Miller のように母音の音響特徴のすべてを重視する考え方を**スペクトル全体モデル**（whole-spectrum model）と呼んで対比することがある。サウンドスペクトログラフの音声研究へ応用は急速に拡大して多くの研究者により用いられた。

　〔2〕**パタンプレイバック**　　ベル電話研究所においてサウンドスペクトログラフを利用した音声の分析的研究が進められた頃に，ハスキンス研究所では音声の心理学的研究が行われていた。Cooper らは複雑な音声信号に含まれる聴覚的手がかりを求めるために，**パタンプレイバック**（Pattern Playback）と

呼ぶ音声合成装置を開発して音声知覚の研究に用いた[9)~11)]。パタンプレイバックはサウンドスペクトログラムに変更を与えた音声を合成する装置であり，音声情報交換において音声が担うと考えられる**不変性**（invariance）を探るための実験研究に用いられた。**図1.3**の機構図に示すように，パタンプレイバックはスペクトログラム記録紙のスキャン機構，線状光源と50チャネルの正弦波光変調を行う発音円盤，2系統の光学的読み取り機構をもつ。

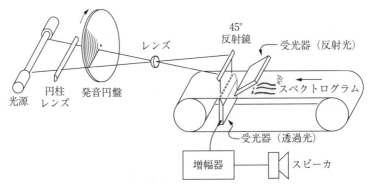

図1.3 光学機械式音声合成装置パタンプレイバックの機構図。二つの回転ドラムによりサウンドスペクトログラムの写真フィルムあるいはフォルマントパタンを描いた透明フィルムを移動させることにより音声を合成することができた[10)]。発音円盤（tone wheel）上のフィルムには50チャネルの逓倍周波数をもつ正弦波状の濃度変化パタンが描かれており，透過した照明光は光学系を介してスペクトログラム記録紙あるいは透明フィルムに投影される。各チャネルの透過光あるいは反射光は受光器のフォトセルアレイにより読み取られ，バズ音源に含まれるフォルマント帯域内の高調波が増強されて合成音として出力される。

パタンプレイバック装置は**図1.4**に示すように，サウンドスペクトログラムをそのまま用いることによっても，あるいは透明フィルムに手書きしたフォルマントパタンを読み取ることによっても，聴取可能な音声を合成することができた。そのような目的でハスキンス研究所ではサウンドスペクトログラフに独自の工夫を施して，パタンプレイバック実験に適した表示サイズ（約18 cm×210 cm）に変更して約12秒間の音声録音を可能とするとともに，写真フィルムに光描画することによりダイナミックレンジを36 dBに拡大した[10)]。

合成母音を用いた知覚実験では，二つの低次フォルマント（F1とF2）を対

6　1. 音声の性質

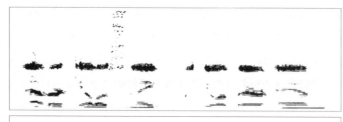

N-E-V-E-R K-I-LL-A S-N-A——KE WITH YOUR B-A-RE H-A——N-D-S

図1.4　記録したスペクトログラムと手書きのスペクトルパタン。原画[9]は白黒反転した図であり，描画したスペクトログラム（上），手書きしたプレイバックパタン（下）が示されている。上段にみえる一定周波数の太い帯は喉頭腔共鳴と思われる。Borstは同様の図を示したうえで，この一定周波数の帯が個人ごとに異なる共鳴周波数特徴であることを記載している[11]。

象としてそれぞれの周波数を変化させた合成音を聴取することにより，音声学的母音図に位置する母音の種類を識別できることを示した。また，それぞれのフォルマントの強度を変更することにより母音の韻質が不明瞭になり別の母音として知覚されることも明らかにした[12]。パタンプレイバックは子音の知覚実験にも用いられ，単音節における破裂子音の出わたりにおいてフォルマント周波数の遷移パタンを連続的に変更した合成音によっても子音の調音位置の知覚が不連続すなわち範疇的であることが調べられた[13]。

20世紀の前半と後半における母音研究の対比は実験装置の相違だけに留まらず，つぎに述べるように19世紀から続いた母音生成理論の論争から20世紀後半以降の母音知覚を含めた心理学的研究へ急速に転換した。

1.1.2　母音理論論争から母音知覚研究へ

前項ではサウンドスペクトログラフの発明が音声研究の様相を一変させたことを述べた。それ以前の音声の分析的研究は，音声波形を光学機械により写真

1.1 母音の実験的研究　　7

に映したのちに機械式装置により調和解析を行う方法，あるいはマイクロホンと電磁オシログラフにより波形記録しフーリエ調和解析法によりスペクトルを求める方法などが用いられた。いずれの方法においても分析対象は 1 周期の母音波形であり連続音声の分析には技術的な制約があった。子音の分析においても類似の方法が用いられ，子音フォルマントを想定した分析も行われた。**表1.1** に 20 世紀前半の音響分析装置および代表的著作をまとめておく。

表1.1　20 世紀前半における音響分析技術と主要な音声研究

発表年	研究者名	装置あるいは著書
1894	Henrici, O.	機械式調和解析装置
1908	Miller, D. C.	光学式音響波形記録装置
1910	Bell, A. G.	"The Mechanism of Speech"
1912	de Forest, L.	三極管増幅器
1916	Wente, E. C.	コンデンサ型マイクロホン
1917	Duddell, W.	電磁オシログラフ
1924	Wegel, R. L.	電気式周波数分析装置
1925	Crandall, I. B.	英語母音のスペクトル分析
1927	Grutzmacher, M.	電気式周波数分析装置
1928	Wente, E. C.	ダイナミック型マイクロホン
1929	Fletcher, H. D.	"Speech and Hearing"
1930	小林正次	電気式周波数分析装置
1931	高橋・山本	日本語母音のスペクトル分析
1932	小幡・豊島	日本語母音のスペクトル分析
1940	今堀克己	ストロボ写真法による音響分析装置
1942	千葉・梶山	"The Vowel：Its Nature and Structure"

〔1〕　**20 世紀前半の母音研究および理論論争**　　19 世紀後半から始まった**母音の理論論争**は，母音の音響的成立過程についての理論的対立であり，パルス状の声門音源の声道内における過渡応答を重視する**非調和理論**（inharmonic theory）と母音に含まれる調波成分の共鳴による増強を重視する**調和理論**（harmonic theory）とに分かれて 20 世紀半ばまで議論が戦わされた。この母音理論論争は千葉・梶山による母音研究の原動力の一つにもなっていた[14]。非調和理論は 18 世紀に遡り，フランスの Ferrein は摘出喉頭を用いた声帯の

8　1.　音　声　の　性　質

吹鳴実験を行い母音生成の**噴流説**（puff theory）を唱えたといわれる。19世紀になって非調和理論は transient theory とも呼ばれ，調和理論は steady-state theory とも呼ばれた。Fletcher は二つの理論を**表1.2**のように説明したうえで，声帯の弾性を考えるならば声道振動が非周期的である理由はないとして調和理論を支持している[15]。20世紀後半に入ると，研究対象がスペクトログラムによる音声分析に集中し，また両者の理論の間に本質的な相違がないことが理解され，この論争は急速に終息して再び取りあげられることはなくなった。

表1.2　歴史的母音生成理論の比較[15]

非調和理論

声帯は声道に特異な過渡周波数を励起する装置にすぎない。声門における呼気の噴流（puff）は声道内の空気振動を引き起こす。この空気振動はすぐに消失するが，つぎの噴流により再び開始される。したがって，個々の噴流は必ずしも周期的である必要はない。

調和理論

声帯は基本音と多数の調波成分を含む複合音を生成する。基本音の整数倍からなる調波成分は，声道を通過する過程で声道の共鳴周波数に近い成分が増強されて外界に放射される。これらの増強された周波数領域が母音の韻質を決定する。

　母音フォルマントについての現在の理解も調和理論に従う調波成分の共鳴による増強であり，複数の周期を対象とする一般的な音声分析法の基礎にもなっている。しかし，話し声における母音はつねに定常であるとは限らず，無声子音に後続する母音の開始時点においては周期と共鳴周波数の急激な同時変化がありうる。そのような過渡的部分は調和理論から逸脱するため一般的な音声分析法の対象外であり，非調和理論に従って個々の周期を対象とする精密な分析法を用いる必要が生じる。

〔2〕　**フォルマントと音源・フィルタ理論**　　上記の母音理論論争の過程で母音の音響特徴となる高調波の高まりに対して**フォルマント**（formant）という名称がつけられた。それ以前に英国の研究者たちは**特徴周波数領域**（characteristic frequency regions）という語を用いていたが，1894年にドイツの Hermann がフランス語を語源とするフォルマントの名を提唱したといわれる。Stumpf は1926年に母音の性質に大きく寄与する周波数帯域をフォルマン

トの定義とし，Jeans は 1938 年に楽器共鳴における高調波の高まりをフォルマントと呼んだ。Fletcher の 1929 年の著作では「特徴周波数領域」が用いられ，1953 年の著作には「フォルマント」が現れる。千葉・梶山の母音研究（1942 年）においては音響管共鳴を意味する「固有音」とともに「特徴周波数領域」が用いられるが，最終章では「フォルマント」が使われている。「特徴周波数」が物理学的な厳密さを印象づける用語であるのに対して，「フォルマント」は形成要因というほどの意味であり，母音ごとにつねに一定の周波数をもつとは限らないという性質を表す用語として適している。現代的な理解では，フォルマントは周波数スペクトル上のピークを意味する。

フォルマントは声道の共鳴ピークを意味する用語として使われることもある。Fant は単純化した声道形状の変異とフォルマント周波数の変動との関係を詳しく計算して母音生成における音源・フィルタ理論を発展させた[16]。図 1.5 に母音生成における**音源・フィルタ理論**（source-filter model）を示す。声道を単純な音響管で模擬する場合，共鳴周波数は複数存在するため，個々の

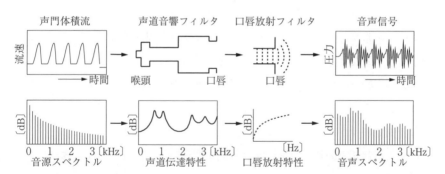

図 1.5 母音生成における音源・フィルタ理論。音源とフィルタ群により音声生成過程を説明する代表的な考え方であり，図の下半は各要素の特性をスペクトル領域で示したもの。母音の「音源」は声門を通過する間歇的な声門体積流であり，$-12\,\mathrm{dB/oct}$ 前後のスペクトル傾斜をもつ。図示されていないが，声門体積流は気流雑音を伴い 1 kHz 以上の帯域に弱い雑音成分として現れる。「フィルタ」は声道共鳴と口唇放射の周波数特性に対応する。声道伝達特性は声道を音響管とみなしたときの入出力特性を意味してスペクトル傾斜をもたないが，口唇放射特性は声道内の体積速度波が圧力球面波に変換される過程で直流成分を失うため $+6\,\mathrm{dB/oct}$ のフィルタ特性を示す。

フォルマントに番号をつけて低い周波数から F1，F2，F3，F4 と略記される。
Fant はこのフォルマントの列を F-pattern と呼んで，それらの周波数値がスペ
クトル包絡曲線を決める要因とみなした。現在の一般的な音響分析法では，基
本周波数の高い声では声道共鳴周波数と周波数スペクトルのピーク周波数とは
必ずしも一致しない。

〔3〕 **20世紀後半の母音の知覚理論**　20世紀前半に発達した電気録音技
術とフーリエ調和解析法の利用によって母音フォルマントが調べられるように
なって以来，**母音知覚**の手がかりがどのようなものであるかについても議論が
なされてきた。例えば，1〜3個程度の低次フォルマントにあるとする説
（フォルマント知覚説）に対し，スペクトル包絡の全体にあるとする説（スペ
クトル包絡知覚説あるいは空間パタン説）があり [14)，母音の正規化あるいは
話者正規化と呼ばれる母音知覚の大きな問題とともに，今日に至るまで議論が
継続している。母音知覚の手がかりとなるフォルマントパタンについても，サ
ウンドスペクトログラフを使った初期の研究においてすでに複数の問題が指摘
されていた。意図して明瞭に発話したときのフォルマントパタンは，母音区間
において定常状態に達してその時点のフォルマント周波数の安定値が母音知覚
の手がかりとなりうる。しかしより自然な発話では，フォルマントパタンは先
行子音の影響を受けて定常状態まで至ることがなく，母音フォルマントの定常
値は知覚の手がかりとして十分条件とはならない。したがって，後述するよう
に母音知覚の手がかりをフォルマント遷移パタンに見出す必要が生じた。

〔4〕 **母音知覚の静的目標理論と動的指標理論**　母音の生成機構が古典的
な解剖学と音声学で取りあげられ，20世紀前半に電気音響技術と声道共鳴理論
に基づいて音響過程の理解に進展するという長い経緯に対して，母音知覚の研
究は20世紀後半のサウンドスペクトログラフによる母音分析の成果に追随す
るように開始されたようにみえる。母音知覚に限らず音声に関わる聴覚心理学
的研究の歴史が比較的短い理由は後述するように Békésy による内耳の周波数
分析機構の理解が1950年前後に広まったことにも関係しているかもしれない。
　母音知覚の研究は20世紀半ば以降の知覚心理研究の参入に伴い数多く報告

されている。多くは母音フォルマントの知覚における役割に注目した議論である。以下に**静的目標理論**（steady-state target theory，Target theory と略す）と**動的指標理論**（dynamic spectral cue theory，Dynamic theory と略す）という二つの理論的対比を取りあげる。**表1.3**に，Jenkins による二つの理論の対比点の要約を示す [17]。

表1.3 母音知覚の理論的対比

静的目標理論
規範的な母音において母音調音が定常的であるようにフォルマントパタン（F1とF2）も定常状態を維持する。合成母音を用いた知覚実験においてフォルマントパタンが母音識別を決定することから，そのときのフォルマントパタンが母音の知覚を決定するための必要かつ十分な条件である。
動的指標理論
自然な発話において母音のフォルマントパタンには個人差とともに調音結合により生じる target undershoot の現象があるため，母音知覚の手がかりは定常状態に近い母音中心部よりも広い範囲に分散している。CVC 音節においてはフォルマント移行部に手がかりを見出すことができる。

Target theory は，Dynamic theory と対比するために母音フォルマントについての初期研究おける観測に後づけされた名称であろうと思われる。母音生成機構の音響学的研究が調音の定常状態における声道形状の伝達特性の安定状態を仮定したように，定常状態の母音のフォルマントパタン（F1 と F2 の組）が母音の知覚を決定するための必要かつ十分な条件であるとする。調音結合の生じにくい音節中の母音において，F1 と F2 を軸とする母音図上で個別の母音は一定の領域を占めるため，それぞれの母音は音響的な目標をもつとみなして静的目標理論と呼ぶ。サウンドスペクトログラフを用いた初期の母音研究 [6], [18] において，母音フォルマントの個人差，子音の影響，F0 の相違が指摘されながらも，Target theory は当時の研究者による支持を得た。ハスキンス研究所のパタンプレイバックを用いた合成母音の知覚実験によっても二つのフォルマント周波数が知覚の手がかりであることが強く支持された [12]。

Target theory にまつわる上記の疑問は，次第に無視できない問題として取りあげられるようになった。第1の問題は母音フォルマントの個人差であり，

12   1. 音 声 の 性 質

母音知覚において個人差を吸収するためには，個人話者内におけるフォルマントパタンの極値あるいは基本母音のフォルマントパタンから構成される母音空間を参照するなどの前提条件を満たす必要があった。第2の問題は，そのような明瞭な参照条件の得られない短い発話を混合した聴取実験においても複数話者の母音についても知覚の精度が保たれることであった。さらに困難な第3の問題は**目標未到達**（target undershoot）の現象であり，より自然な発話に際して母音フォルマントは前後の子音の影響を受けて必ずしも定常母音のフォルマントに到達しないことがある。したがって，母音の知覚は前後の子音や発話速度に影響を受ける現象を説明する必要があった[19),20)]。

Target theory のあいまいさの問題を取り除き，より現実的な理論に向けて考案された理論は，フォルマント遷移部の**出わたり**（off-glide）と**入りわたり**（on-glide）に注目したものであり動的指標理論と呼ばれている。その後の編集合成音声を用いた知覚実験においてフォルマントパタンの移行部に母音知覚の手がかりの一つがあることが検証されている。Strange らは，CVC 音節における母音の中心部と移行部に処理を施した数種類の編集合成音声を用いて聴取実験を行い，中心部と移行部のいずれかが母音の識別により貢献するかを調べた[21)]。その結果，母音中心部のみからなる刺激音よりも移行部のみからなる刺激音において母音の識別率が高いことなどを示した。この Dynamic theory は自然な発話において調音結合により生じる音響学的な母音のあいまいさを許容するためには有利な理論であり，同時に母音のもつ固有素性により生じる知覚への影響も分離できるものであった。なお，この問題については多くの後続研究がある。自然な発話資料と音声認識技術を用いて二つの理論を評価した研究では Target theory を支持するという結果も報告されている[22)]。

以上に述べたように，音声研究は母音理論の議論に始まり母音生成の音響過程を明らかにしたうえで母音知覚の理論的研究へ移行した。子音の阻害性（声道の狭め）という特徴により母音へ移行するフォルマント遷移パタンに特徴を生じて，音節中に置かれた母音においても子音に影響されて識別特徴に変化が生じる。これらの動的な特徴はいずれも音節の生成に伴うものであって単母音

1.2 聴覚研究と母音の分析 　*13*

では生じない。子音と母音を個別に扱った経緯は，音素という音韻の区分的理解が先行したためであって，個別の議論に必然性があったかについては再考の余地があるかもしれない。

1.2　聴覚研究と母音の分析

　母音生成についての初期研究が 19 世紀に完成されたといわれる音響物理の理解に基づいて進められた一方，母音知覚の理解については聴覚器官の構造だけではなくその機能についての研究が必要であった。**聴覚機構**の理解については電気生理の実験手法が必須であったために，本格的研究は 20 世紀に入ってから始められた。聴覚研究が動物実験により進めることができたのに対して，音声知覚の研究は動物実験にはなじみにくいという問題もあった。複雑な聴覚機構の全体像の理解には長い時間を要したために，音声の理解については心理学的研究が先行することになったが，聴覚機構に基づく音声知覚の理解という方法も次第に確立した。ここではそのような聴覚研究の歴史と音声理解への応用の経緯について短く振り返っておきたい。

1.2.1　聴覚研究小史

　音の検出に関わる神経機構が内耳にあり，蝸牛基底膜上のコルチ器という特異な感覚器官がその役割を果たすことは古くから認められていた。ピッチ知覚の蝸牛機構については 19 世紀後半の比較的短い期間に諸説が提案されたことはよく知られている。それらを時間の順に並べるならば，Helmholtz の共鳴説（1885），Rutherford の電話説（1886），Ewald の定在波説（1886），Meyer の変位説（1896）などがある。これらはいずれも現在では廃説となっているが，**Helmholtz の共鳴説**（resonance theory）は 20 世紀に入っても広く受け入れられていた。共鳴説の根拠は基底膜の形にあり，基底膜をなす横行繊維は蝸牛頂に向かうほど長く，それぞれの繊維がハープの弦のように異なる周波数に対し共鳴して周波数分析を行うと説くものであった。Fletcher も 1929 年の著作で

14   1. 音 声 の 性 質

は共鳴説をおおむね支持して**空間パタン説**（space-pattern theory）を唱えた[15]。

ハンガリーの物理学者 Békésy は実験根拠に欠ける聴覚理論の諸説に疑いをもって内耳の水力学機構を調べる模型実験を行った。その結果，**基底膜の振動**は周波数に依存した異なる位置で最大振幅となることを見出して 1928 年に初めての論文として発表した。ついで，ヒト摘出側頭骨を用いた実験では，基底膜を毛髪の先で押すと円錐状に変位することから横行繊維そのものには周波数選択性がないことを示した。さらに，加振器，水浸レンズ顕微鏡とストロボビーム照明器などを用いて周期音に呼応する基底膜の運動を観察した。その結果，アブミ骨から卵円窓に伝えられたピストン運動により基底膜の変位が波打つように蝸牛頂に向かって伝搬して一定の場所で最大振幅に達すること，その場所は高い周波数では卵円窓に近く低い音では蝸牛頂に近いことなどを見出した[23]。

これらの Békésy の実験結果は聴覚の**場所説**（place theory）の中核をなす**進行波説**（traveling wave theory）として定着することになった。しかし，その実験結果において進行波により作られる基底膜上の最大振幅ピークは先鋭ではなく聴覚における周波数分解能を説明できないという問題があった。Békésyは視覚上行路において知られていた側抑制の原理に従う感覚先鋭化の機構を援用して，聴覚上行路を多段階の帯域フィルタ回路網とみなし，シナプスを経るたびに周波数選択性を先鋭化する機構があるはずだと考えた。その予測に応じるように，勝木らは米国に渡って細胞内微小電極を用いた実験手法を駆使して聴覚上行路の神経核細胞の周波数選択性を調べる動物実験を行った[24]。その結果，聴覚上行路に位置する下丘および内側膝状体に至って周波数選択性を示す**周波数同調曲線**（frequency tuning curve）が最も先鋭化して，周波数分析が皮質下の構造において完了すると考えられた。また，聴皮質の細胞記録においては同調曲線が再び広がることなどを見出して，聴皮質が周波数感覚の中枢であるだけではなく両耳聴による方向覚の中枢であることなどが推測された。

〔1〕 **進行波説の変遷**　Békésy の進行波説はヒト実耳を用いた観測と模型シミュレーション結果が一致することから美しい形で完結したかのようにみ

えたが，その後の研究において予想しがたいほどの展開が生じることになった。耳音響放射と呼ばれる鼓膜から音が放射される現象の発見を契機として，生きた状態の内耳において以下のような新しい事実がつぎつぎに発見された。

- 耳音響放射（1978 年）：健聴者においてクリック音刺激の 5 〜 10 ms 後に蝸牛由来とみなされる反射的な音響応答を検出できる [25]。
- 基底膜の振幅増強（1978 年）：蝸牛基底膜の周波数応答は生きた状態の蝸牛では先鋭度が高く，基底膜に第 2 の周波数選択フィルタとしての機構が想定される [26]。
- 外有毛細胞の伸縮運動（1985 年）：外有毛細胞は運動系の支配を受けて伸縮する運動器官であり，基底膜運動の周波数選択性を高める機構がある [27]。
- 外有毛細胞内の運動蛋白の同定（2000 年）：外有毛細胞にある Prestin という蛋白質が外有毛細胞の運動を惹起する [28]。

このようにして，Békésy の用いた死後標本では生じない能動的な機構が蝸牛内にあることがわかってきた。現在では，外有毛細胞の伸縮機構によって基底膜は局所的に鋭く立ち上がるために，基底膜の周波数同調曲線は Békésy の実験よりはるかに高いことが認められている。すなわち，周波数分析は蝸牛において行われるとする理解が主体であり，あたかも Helmholtz の共鳴説が復活したかのような印象を受ける。

〔2〕 頻度説の展開　　聴覚理論を分ける一方の理論に古くは時間説と呼ばれ現在では**頻度説**（frequency theory）と呼ばれる理論がある。ピッチ知覚の理論として，場所説が基底膜の周波数局在性に基づくのに対し，頻度説は神経興奮の発火頻度により説明する。近代的な聴覚理論の展開において場所説が頻度説よりも優勢な位置を占めた理由の一つとして神経興奮の不応期の問題があった。感覚細胞は刺激の強度と頻度に応じてインパルス列を出力するが，その最大発火頻度は不応期と呼ばれる機能回復期間の制限を受けて 300 Hz 程度にすぎないとされていた。したがって，蝸牛より発する蝸牛神経（聴神経の一部）の発射パルス頻度によってもたらされるピッチ知覚はかなり低い周波数領

16   1. 音 声 の 性 質

域に限られると思われていた。しかし，Wever と Bray はそのような見立てが
必ずしも妥当でないことを示す証拠として，蝸牛神経束全体の複合電位のイン
パルス列を想定するならば高い周波数まで応答しうることを電気生理実験によ
り確認した[29]。神経興奮の電気現象を銃器の発火（firing）にたとえる慣例に
呼応して，Weber と Bray の見出した現象は一斉射撃（volley）にたとえて**斉
射説**（volley theory）と呼ばれている。すなわち，個々の蝸牛神経線維の最大
発火頻度は不応期の制約を受けるが，蝸牛神経束全体では刺激音の各周期に同
期した複合インパルス列を中枢に伝えうることを意味する。Weber と Bray の
生理実験では，ネコの聴神経束近傍に置いた鈎状電極線から複合電位を検出
し，その信号を増幅して音として再生すると刺激音に一致したピッチを聴取す
ることができた。刺激音と聴取音のピッチが一致する周波数は 125 〜 4 100 Hz
の範囲に及んだため，Helmholtz の共鳴説に基づく場所説は受け入れられない
と結論づけた。この斉射説では 20 kHz におよぶピッチ知覚の帯域をもちろん
説明することができない。現在では，ピッチ知覚は場所説と頻度説を合わせた
聴覚理論として 2 元説（あるいは Fletcher の時間空間パタン説[30]）による理
解が受け入れられている。すなわち，ピッチ知覚は低周波数領域では神経発火
の時間パタンとして，高周波数領域では基底膜振動の場所パタンとして生じ，
中間の周波数領域では相互の機構が混在すると考えられている。

1.2.2　母音の聴覚像

　Fletcher は 1930 年前後における場所説と頻度説の対立する議論に呼応し，
生理実験ではなく心理実験の手法を用いて聴覚末梢系の周波数選択性を調べる
研究を行った[31]。実験に用いた方法は**マスキング法**と呼ばれ，周波数の異な
る二つの純音を同時に聴取する場合に，相互の周波数が近いときには一方の純
音が他方の知覚を変調する。例えば，2 音の周波数が近い場合には，うなりや
粗さの感覚が生じるのみで二つの音には聞こえないが，2 音の周波数が離れて
いる場合には，それぞれが分離して知覚される。このような 2 音マスキングの
性質を帯域フィルタにより説明するために，Fletcher は純音を帯域雑音により

1.2 聴覚研究と母音の分析　　17

マスキングする実験を行った[32]。帯域雑音には純音の周波数に等しい中心周波数を保ちながら帯域幅だけを変化させる刺激音を用いた。その結果，雑音帯域幅がある一定の周波数範囲を超えるとマスキング効果が飽和することを見出して，その帯域を**臨界帯域**（critical band）と呼んだ。さらに，聴覚末梢系の機構を**聴覚フィルタ**（auditory filter）と呼ぶべき多数の臨界帯域フィルタの集合としてモデル化して，個々のフィルタ帯域幅は一定ではなく周波数に依存して変化することなどを明らかにした。

　臨界帯域フィルタの特性を調べる研究はその後の研究者らにより繰り返された。それらの研究をもとにして，Zwicker は心理学的な周波数尺度が 500 Hz 以下の低域を除いて対数尺度に近いことを示し，**Bark 周波数尺度**（Bark frequency scale）を提唱した[33]。一方，Patterson および Moore らは帯域雑音から中心周波数付近を除去したノッチ雑音を用いてマスキング実験を行い，臨界帯域を**等価矩形帯域**（equivalent rectangular bandwidth：ERB）として再定義した[34),35]。さらに，ERB に基づいて心理学的な周波数尺度を求め，500 Hz 以下の低域においても対数尺度に近い **ERB 周波数尺度**（ERB frequency scale）を提案した。Bark 尺度と ERB 尺度については聴覚研究者の間で現代的な問題として扱われ，多くの著書や解説論文がある[36),37]。

　聴覚系における母音の周波数分析　　母音生成の音響機構が音源・フィルタ理論によって物理を基盤とした単純な図式により説明できるのに対し，母音知覚の音響機構は聴覚末梢系の複雑さを反映して簡単な形では図式化することが難しい。**図1.6** は母音の聴覚像の成立過程を単純化して示したものであり，外耳，中耳，内耳の機構を介して母音のスペクトル構造が分析される過程を示している。外耳道は鼓膜を閉鎖端とする片開き管（閉管）としてモデル化でき，閉管共鳴により音を増幅する。外耳道の長さは発達の過程で延長し，成人男性で 2.5 cm，成人女性で 2.2 cm 程度の長さに達し，約 3 ～ 4 kHz に第 1 共鳴周波数をもつとされる。中耳伝音系の伝達特性については実験ごとのばらつきが大きいが，この図では 1 kHz を中心周波数とする帯域通過特性として簡単化している。これらの外耳と中耳の周波数特性は，かつて Fletcher-Munson

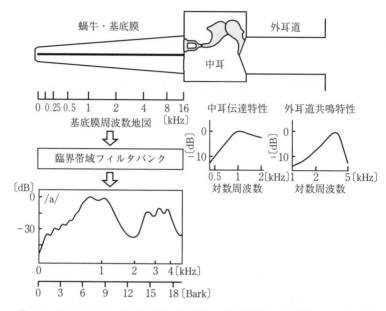

図 1.6 聴覚末梢系における母音の聴覚像の成立過程を示す模式図。母音 /a/ を例として外耳道共鳴特性と中耳伝達特性を対数周波数により，蝸牛の周波数特性を Bark 周波数尺度により示したもの。外耳と中耳の伝音過程は 1 kHz 以下で高域通過特性をもち，母音の音響スペクトルの平坦化に寄与する。

曲線として知られ現在では等ラウドネス曲線と呼ばれる聴覚感度閾値曲線において w 字型の高域特徴をなす要因でもある。蝸牛においては臨界帯域フィルタにより周波数分析が行われる。母音を入力とする場合には，図 1.6 の母音スペクトルに示すように 1 kHz 以下の帯域では包絡曲線に高調波リップルが現れる。また，低次フォルマント（F1 と F2）が強調され，高次フォルマントの間隔が狭まる。この図では Bark 尺度により聴覚スペクトルを示しているが，ERB 尺度を用いるならば低域の高調波リップルはさらに強調される[38]。

聴覚末梢系における聴覚フィルタあるいは臨界帯域フィルタという概念は音声知覚の心理学において母音弁別の根拠として用いられることがあり，3～3.5 Bark という周波数差を境界として母音知覚の判断がなされるという。そのような聴覚機構の特性に基づいて母音の識別を試みる研究は数多く，Stevens は以下のような例を取りあげている[39]。

1.3 音節を対象とする研究　　*19*

- 二つのフォルマントをもつ母音に似た合成音を聴取する実験では，フォルマントの周波数差が 3.5 Bark より小さい場合には知覚的なスペクトルピークの統合が生じ，3.5 Bark より大きい場合には分離したピークとして聴覚表象を生じる[40]。

- 前舌母音では F3－F2 の値が 3 Bark より小さく，後舌母音では 3 Bark より大きい。また，母音の音声学的高さの識別が F1－F0 が 3 Bark を上回るか否かに依存する[41]。

- F1－F0 の Bark 値は母音の音声学的高さを正規化するための指標となりうる[42]。

1.3　音節を対象とする研究

1.3.1　音節の構成

　音声の最小単位を音素とするかあるいは音節とみなすかについてはしばしば議論の対象になってきた。音素を弁別素性と呼ばれる複数の要素の組により指定する考え方[43]は，言語理論の考察においても発話の分析においても最小単位としての意義があるが，母音型音素を除くと個別に発音できないという点で発話の最小単位にはなりえない。まとまりのある短い単位を発音するには子音と母音を組み合わせて音節のかたちで調音運動を実現する必要がある。音節を発話の最小単位とみなす考え方が音韻理論に研究において広まった背景には，調音運動を実測するための研究手段を利用できるようになった状況がある。

　開音節と閉音節　　音節は子音（C）と母音（V）からなる**開音節**（CV）とさらに子音が後続する**閉音節**（CVC）に大別される。日本語の音節は開音節が主体で，例外として母音の脱落による閉音節化があり，促音と撥音という特殊拍がある。個々の音節が仮名文字に対応する点にも言語としての特徴があり，音節は記述の単位でもある[44]。英語の場合には開音節と閉音節が混在するが，子音の重複が頻発しうるため閉音節の種類の多い点が特徴であり音節の区分が難しい。音節の単位については変遷があり，Jespersen は音節の単位を**きこえ**

20   1. 音 声 の 性 質

（sonority）という聴感上の高まりと考えて音節中の最も響きのある音により単語内の音節を識別した[45]。また，Stetson は音節を運動単位とみなしてパルス状の呼気流あるいは瞬発的な呼気筋の活動という発話において際立った運動を中心に構成されると考えた[46]。いずれにおいても音節の定義はあいまいであり，音声波形から音節境界を決定することが難しい。通常，閉音節の頭部と末尾に位置する子音は共通の音声記号で表現されるが，調音運動を観測すると，鼻音（/n/ および /N/），側音（/l/），破裂音などで明らかな相違がみられるという[47]。鼻音については，**ベロトレース**（Velotrace）[48]という機械光学的装置や**光電ナゾグラフ法**（photoelectric nasography）[49]を用いた実験結果において，頭部と末尾に鼻音をもつ二つの音節を比べると，末尾の鼻音で軟口蓋の位置が低く記録される。側音では，X線マイクロビーム装置や磁気センサシステムなどを使った実験において，末尾の側音では舌先の口蓋接触が弱く舌背の位置が低いと報告されている。破裂音については同様の実験方法によって，末尾の破裂音で下唇，舌先，舌背，あるいは下顎の位置が低い傾向を支持している。これらの音節中に位置による子音調音の相違は末尾で子音が弱化されることを示しており，カジュアルな発話において単語中の第2子音が変異・脱落しやすいなどの傾向を説明している。さらに Krakow は，音節の生成における1次調音器官と2次調音器官の運動の時間的関係についても言及したうえで，強い頭部子音と弱い末尾子音が母音を挟み込む音節の構成が調音機構の特性に由来していることを指摘している。

1.3.2　音節内における母音の性質

〔1〕　**母音の固有素性**　　母音の音響学的性質はフォルマント周波数に代表されるスペクトル特徴だけではなく音節の中で初めて現れる母音ごとの特徴がある。その一つに**母音の固有素性**（intrinsic features of vowels）があり，**固有基本周波数**（intrinsic F0），**固有強度**（intrinsic intensity），**固有持続時間**（intrinsic duration）が含まれる。ここでいう「固有（intrinsic）」という言葉は，「本来備わっている」というほどの意味であるが，持続母音では随意的に調節

できる音声特徴であっても音節の中では自然の変異を示して，声の高さ，大きさ，持続時間に母音ごとの規則的な相違が現れる。

母音の音響的性質について声道共鳴に由来するフォルマント周波数により決まるという初期の研究に引き続いて，1950年代にフォルマント以外の母音ごとに異なる音響学的特徴としてこれらの固有素性についてスペクトログラフによる分析が行われている。図 1.7 に示す英語母音の例のように，自然な発話において，狭口母音の /i/ と /u/ は広口母音に比べて持続時間が短く[50]，音圧が小さく[51]，F0 が高い[52]。これらの特徴は言語の別によらない母音ごとの変異の傾向であるため固有素性と総称される。また，それぞれの特徴はアクセントやプロミネンスなどの韻律的特徴の要素になりうる物理的性質を備えているにも関わらず，話し声において韻律上の対比に影響しないという点でも特異な性質をもっている。

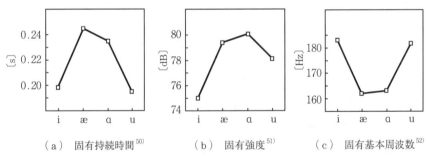

（a） 固有持続時間[50]　　（b） 固有強度[51]　　（c） 固有基本周波数[52]

図 1.7 英語の基本母音における固有基本周波数，固有強度および固有持続時間。それぞれの報告の中から破裂音に後続する母音の固有特徴の平均値をグラフ化したもの。

そのような意味で，母音の固有素性はマイクロプロソディの 1 要因とみなすことが可能であり，発話中の母音の自然性と了解性に貢献する要因と考えられる。それぞれの特徴をもたらす生成機構については以下のように説明されてきているが，いずれも明確な実験研究に基づくものではなく，母音フォルマントの分析的研究と対照的である。

- 固有基本周波数：狭口母音をつくるときの舌の調音動作が喉頭に力の作用を及ぼすため，狭口母音で基本周波数が高い。

22   1. 音 声 の 性 質

- 固有強度：狭口母音では声道の狭めが著しいため口唇からの音響出力が小さい。

- 固有持続時間：広口母音では下顎の開大に時間を要するため継続時間が長い。

以上の説明はそれぞれ固有素性ごとに異なる要因があることを示しているが，実験的な分析は不十分であり推測の域を出ない。これらの固有素性が相互に関係することなく単に母音調音に随伴する個別の特徴であるか否かにも疑問がある。固有持続時間の理由とされた下顎開口時間による延長効果は単なる推測の域を出ない。固有基本周波数については諸説があって，狭口母音で舌が口蓋に向かって上昇すると声帯張力が高まるという舌牽引説（tongue-pull theory）[53]のほかに，声帯振動が声道の音響負荷により影響されるとする音響結合説（acoustic-coupling theory）や声帯粘膜の上下方向の張力変化によるとする垂直張力説（vertical-tension theory）などがあったが[54]，いずれも実験証拠に欠けていた。母音の固有素性の生成的背景を探るには声門上下圧差と声帯張力の関与を考慮する必要があると考えられ，狭口母音における声道の狭めにより口腔内圧が高まった状況で声帯張力が増大することにより声帯振動が生じにくい条件が成立することが背景要因にあると考えられる。

〔2〕　**固有素性の共通要因**　　母音の固有素性のそれぞれあるいは母音の無声化には共通の生成的背景がありうると上述した。母音の固有素性に関するその後の研究は固有基本周波数の生成要因に関わる問題に限られ，固有持続時間と固有強度については議論されることがなく，母音の無声化についても母音の固有素性との関連について検討されることもないように思われる。そこで，母音の固有素性および母音の無声化について生成要因の関係を**図1.8**に模式化し，以下に補足説明を加える。これらは著者の推論でありすべての現象を説明する理論でもない。例えば，母音の無声化における母音調音の弱化あるいは子音への同化などはこの説明には含まれない。

- 固有持続時間は，無声子音に挟まれた狭口母音において明らかに短い。そのような音節では声道の強い狭めのために口腔内圧が亢進して声門上下圧

1.3 音節を対象とする研究　23

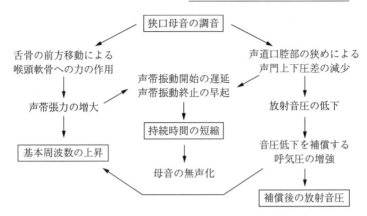

図 1.8 母音の固有素性の生成的背景要因。狭口母音の調音から母音の固有素性と無声化が生じる過程を模式化したもの。

差が減少する。さらにその音節では声帯張力が高いため声帯振動が生じにくい。そのため，子音の出わたりにおいて声帯振動の開始が遅れ，入りわたりで声帯振動の終止が遅れる。

- 固有強度は，それぞれの母音における声道形状により音響出力の強度が決まり，他の条件が一定であれば声道内に強い狭めをもつ狭口母音で口唇放射音の強度が減弱する。しかし，声道モデルに基づいて放射音圧を計測すると狭口母音の放射音圧は過度に小さく，音圧低下を補償する呼気圧の増強があると推測される。

- 固有基本周波数は，喉頭と調音器官との機械的相互作用を生成的背景として生じる現象であり，狭口母音で声帯張力を高め，広口母音で声帯張力を弱めるような調音器官の機構を見出すことができる。しかし，狭口母音で輪状甲状筋の活動や呼気圧が高いことも認められ，喉頭と肺における積極的な調節も行われる。

- 母音の無声化は，短い持続時間および低い放射音圧という狭口母音の性質を反映した音韻現象であり，声帯張力が高く声帯振動の生じにくい生成的背景をもつ。無声化によるきこえの変化に乏しく音節全体への波及も小さい。

1.3.3 有声音と無声音

〔1〕 **声立て時間：VOT**　サウンドスペクトログラフによる初期研究で扱われた大きなテーマの一つに閉鎖音の**有声**と**無声**を対比する音響的指標についての研究がある。**無声子音** /p, t, k/ と**有声子音** /b, d, g/ は，修飾語が意味するように子音区間における**声**（voicing）の有無すなわち声帯振動の有無で対比されるようにみえる。

語中の閉鎖音では無声音と有声音の間に確かに声の有無の相違が認められるが，語頭の閉鎖音では声を欠くために，声帯振動の有無は両者を対比するための指標にはならない。また，ささやき声の発話においても有声と無声の混同は生じない。この問題は伝統的な音声学においても議論され，閉鎖区間の声の有無に加えて，有声閉鎖音において声を維持するために生じる喉頭下降と声道共鳴の局所変動，あるいは閉鎖子音の開放に後続する**息の音**（aspiration）とその強さを決める**調音強度**（articulatory force）により対比されると考えられていた[55]。調音強度という言葉はあいまいな表現であり現在では使われないが，**強い子音**（fortis），**弱い子音**（lenis）という対比は，弁別素性の一つとして今

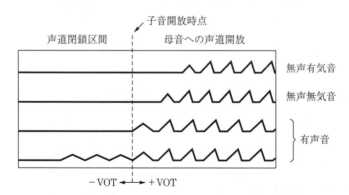

図 1.9　語頭の無声閉鎖音と有声閉鎖音における声立てパタンの模式的比較。声立て時間（voice onset time：VOT）は子音開放時点から母音開始時点までの時間長を指す。語頭閉鎖音の VOT は無声音で正の値をとり英語におけるような有気音でより長い。有声音では VOT は 0 ないし負の値をとり，二峰性の時間分布を示すことが多い。音声波形上では子音開放時点に一致して外破音を認める。

でも音声学上の子音対比に使われる。息の強さによる子音の対比を実験的に示すには呼気流の差を比較する必要があるが，当時も現在においても音声信号と同時に呼気流を計測することが難しい。Lisker と Abramson はスペクトログラフを用いて複数の言語の語頭閉鎖音について息の音を分析することにより，子音開放から母音開始までの区間に有声・無声の対比に有効な時間の差を見出している [56]。この時間の差は**声立て時間**（voice onset time：VOT）と呼ばれ，有声・無声の弁別特徴の指標とされている。**図 1.9** に示すように，VOT は母音開始時点から遡る方向を正の値として計測し，無声閉鎖音で正の値，有声閉鎖音では 0 から負の値をとる。有声閉鎖音では VOT の分布は二峰性であり 0 付近の群と負の群に分かれる。

〔2〕 **VOT 以外の差**　閉鎖音における有声・無声の対比に関わる音響的特徴には VOT 以外にもあり，**外破音**（release burst）の大きさやフォルマント遷移パタンにも差が認められている [57]。語頭においては **F1 開始周波数**が有声閉鎖音で低く，無声閉鎖音で高い。語中においては，閉鎖前後にフォルマントパタン（F1 と F2）の遷移が現れ，子音の調音位置の対比とともに有声・無声の対比に関係する。また，出わたりにおける基本周波数の変化パタンにも差があり，無声閉鎖音に続く母音開始において基本周波数は高い周波数で始まり急速に下降する。この基本周波数の急下降も無声閉鎖音の特徴としてマイクロプロソディの 1 要因とされている。

1.3.4　音　節　の　連　鎖

〔1〕 **音節の区分**　多く単語は**音節の連鎖**によって構成される。日本語では開音節が連鎖するほかに特殊拍が介在する場合がある。英語では第 2 子音が弱化して弱い音節が後続することがある。これらの特殊な例では，音節の境界がしばしば不明瞭になるだけではなく，単語中の音節の数もあいまいになる。日本語の場合には，アクセント規則の制約により「帰る」は長短型の 2 音節であるが「映える」は 3 音節になるという変則性がある [58]。この問題はモーラという時間単位を導入することにより形式的には解決できるが，促音を左右の

26   1. 音声の性質

音節のどちらに含めるかという問題が残る[59]。一方，英語の場合には語中の第2音節が弱化して母音を欠くなどの事象が頻発するため，**両音節性**（ambisyllabicity）などの例外を認める必要が生じる[44]。

形式的な音節構造にとらわれずに発話を記述する試みとして，**調音ジェスチャ**を要素とする発話構造の表現法が提案されている。Browman と Goldstein は，X線マイクロビーム装置により記録された唇，下顎，舌，軟口蓋などの調音運動曲線に対してステップ関数をあてはめて一覧することにより，必ずしも音節境界に同期しないような調音要素間の時間的関係を認めることができるという[60],[61]。この作図をオーケストラの総譜になぞらえて**調音譜**（gestural score）と呼び，発話の進行過程を記述する新しい理論として**調音音韻論**（articulatory phonology）を提唱した。この理論は，従来の線状音韻論（音素を調音位置と調音様式により指定し，音素の列により発話を記述する考え方）と対照的であり，音素列に代わり**図1.10**に示すように調音の要素動作を示す八つの**声道変数**（tract variables）を用いて並列する要素動作の矩形パタンに

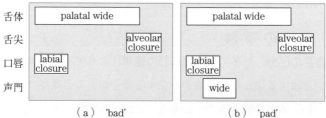

（a） 'bad'　　　　　（b） 'pad'

図1.10　調音音韻論における声道変数および調音譜の例。調音の各要素は声道変数と呼ばれる八つの調音動作からなる。調音譜は各調音器官の並列的動作を記述する調音要素の時系列図であり，Browman & Goldstein[61]より二つの英単語（bad, pad）の例につき若干の修正を加えて示してある。

より調音譜として発話を記述する。調音理論は，調音結合や同時調音などの調音の時間変異や重複を音声合成により例証できる点においても特色がある。すなわち，調音譜はハスキンス研究所の運動生成理論であるタスクダイナミックモデル[62]により調音軌跡に変換され，幾何学的な調音モデル[63]によって音声が合成される。

　藤村は音節構造を重視しながら調音音韻論を発展させた理論として **C/D モデル**（converter-distributer model）を提案した[64),65)]。C/D モデルでは，発話の基本的な過程を母音から母音への緩やかな遷移に子音の擾乱が加わる調音結合現象とみなして，調音運動の時間パタンと韻律パタンを統合した発話の全体

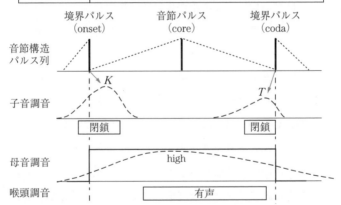

音節パルス	母音（±high, ±back）と声調の関数および音節強度の指定
境界パルス	子音の調音位置（口唇，舌尖，舌冠，舌体）および調音様式（閉鎖性，摩擦性など）の指定

図 1.11 C/D モデルにおける C/D ダイアグラムの例。藤村（1999）[65] および講演資料などにより CVC 形式の英単語 "kit" の例を簡単化して示したもの。C/D モデルでは，音節の韻律木構造に基づき onset, core, coda に対応するパルス列が与えられる。音節中心（core）に位置する音節パルスは母音と声調に対応するステップ状の基底関数を生成し，これを調音器官が平滑化する。頭部（onset）と尾部（coda）の境界パルスはパルス応答の形で子音の要素動作を生成する。母音調音には 2 値的素性として ±high と ±back が，子音の要素動作には調音位置と調音様式が指定される。この図の例では声調を指定するステップ関数は与えられていない。

28   1. 音 声 の 性 質

像を記述する。このモデルでは，図1.11に示すように音節は**音節パルス**を中核として構成され，中核部に置かれたパルスの大きさが音節の持続時間を決定する。音節の周辺部には子音に対応する頭部（onset）と尾部（coda）の**境界パルス**が置かれる。それぞれのパルスはパルス応答曲線を生成して音節を構成する調音曲線が描かれる。藤村は日本語の促音や長母音，英語の子音連結などの音節連鎖により生じる問題をC/Dモデルに従って説明している[59]。

〔2〕 **母音の無声化**　日本語母音の音節内における現れ方の特徴の一つに**母音の無声化**（vowel devoicing）がある。これは母音が本来の有声性を失って声帯振動を伴わない母音に変化する現象であり，東京方言の特徴の一つとして狭口母音 /i/ と /u/ が無声子音に挟まれる場合にほぼ規則的に出現する[66]。無声化母音をもつ音節はきこえを失うにも関わらず，音節の中心部としてアクセント核を持ちうるなどの例外的な性質を表す。また，発話末尾で無声子音に後続する狭口母音は無声化による脱落が生じて，無声化母音に先行する音節が開音節化する。母音の無声化は一つの方言の選択した音韻現象であって，一般的には「なぜか」という議論の対象外とみなされる。しかし，母音の無声化も前述の母音の固有素性を生じる機構に関連していると考えられ，声帯振動の起こりにくさにその生成的背景がある。大阪方言話者においても狭口母音の無声化が散発する，あるいは母音が著しく短縮することなど[67]を考慮すると，無声化現象についての生成的背景を考察することには意義がある。母音の無声化が方言の規則として音韻体系に取り込まれると，その規則を実現するための調音プログラムがつくられてランダムな現象としてではなく積極的に規則が実現される。日本語における母音の無声化の特徴は**光電グロトグラフ法**（PGG）により調べられている[68]。無声子音環境下のCVC（V）発話において一峰性の声門の開大が音節単位で認められ，促音を含む場合には二峰性となることがある。**図1.12**は非侵襲の光電グロトグラフ法（ePGG）により記録された /hakushi/（薄志）という単語に子音 /t/ が後続する場合の例を示している。このときに声門は無声子音 /k/ と /ʃ/ に対応した二峰性の開大パタンではなく，無声化した二つの音節を統合するように振幅が増強された一峰性の声門開大パタンが生

1.3 音節を対象とする研究　29

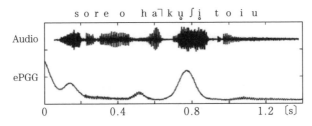

図 1.12　連続する 2 音節の無声化を示す単語「薄志」における声門開閉パタン。非侵襲光電グロトグラフ法 (ePGG) による記録の例。無声区間が 'kushit' にかけて連続する。

じる。

〔3〕　**語頭音節の強化**　単語は多くの例では音節が連鎖して構成されるが，単語の頭部に位置する音節は後続の音節と比べるといくつかの点で異なることが知られている。語頭音節は音節の「強さ」を高める**語頭強化**（word-initial strengthening）により単語の左境界を指定するといわれる[69]。英語の場合には，音節の強さは音声波形の音圧と持続時間に現れるとされるが，日本語の場合には顕著ではない[70]。事実，日本語では単語を構成するモーラごとに著しい音響的な差を認めることがなく，頭部音節と後続音節の間に語頭強化の特徴が現れにくい傾向があり，語頭強化は単語アクセントの効果に限られるようにみえる。しかし，日本語における語頭強化は同じ音節が連鎖するときの声門開閉パタンにみられることがあり，音声波形には現れない現象として興味深い。Sawashima と Hirose のファイバースコープ実験では，長音節が連鎖した /ke:ke:/（軽々）という平板型アクセントの単語を文章中に含む発話において，声門は語頭の /k/ で大きく開きつぎの /k/ では明らかに小さい[71]。このファイバースコープ実験を ePGG により再現したデータを**図 1.13**に示す。二つの音節の間には音圧においても時間長においてもほとんど差がなく同一の音節が連鎖しているようにみえるが，語頭の /k/ では声門が大きく開大する。このような声門開大パタンにみられる語頭子音強化は日本語以外でも同じ音節の繰り返し発話において観測されており，語頭音節の左境界を際立たせるための調音操作であると思われる。音声信号にはこの差が大きく反映されることはな

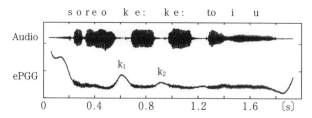

図 1.13 同じ長音節が連鎖する単語「軽々」の発話における声門開閉パタン。喉頭ファイバースコープによる映画撮影実験[51]を再現した ePGG データであり，語頭の無声破裂音 /k$_1$/ における声門開大は語中の /k$_2$/ に比べて明らかに強化されている。

く VOT と息の音にわずかな差を生じる程度であり，語頭の知覚を目標とした意図的な喉頭調音であるか否かについて疑問が残る点においても興味深い。

1.4 まとめ

第1章では，音声の性質を理解する研究の歴史は，戦前の母音を中心とした音響分析の研究から戦後の音節や単語の研究に移行したことを述べた。このような研究の対比はそれぞれの時代に利用できた実験機器の発展に依存しきたことを意味している。1942年に出版された千葉と梶山による『母音論』に詳述されているように，戦前の研究は光学機械による母音波形の記録と調和解析法による母音フォルマントの推定に始まり，Henriciの調和解析装置や今堀の音響分析装置などの驚異的といってよいほどに精巧な装置が生み出された。戦後の音声研究もやはり研究装置の発展に依存して，サウンドスペクトルグラフとパタンプレイバックという二つの装置により連続音声を研究対象とすることが可能となって，音声の基本的な性質が明らかになり，その後の音声生成の音響理論および音響音声学の発展に寄与した。聴覚研究の経緯については専門的な知識をもたないが，勝木保次著『聴覚生理学への道』（1967年）から受けた読後感の記憶と後続研究における大展開についての個人的な印象に従って若干の文章を加えた。

以上のような研究の推移は，目にみえない音を実験と理論を駆使してどこまで理解できるかという課題への挑戦を意味している。音響分析法の問題点については取りあげなかったが，女声の分析は現在でも難しく，これまでの多くの研究は男声に基づいている。FFT パワースペクトル上で高調波の頂点をなぞるような true spectrum と呼称される方法では，基本周波数の高い女声サンプルから声道共鳴特性を推定することが難しいという問題が残っているからにほかならない。音声が音源と声道フィルタという 2 要素からなることには疑問の余地がないが，音声サンプルに従って音源波形を正確に図示することも，確信をもって声道音響管の形を描くことも，現時点では難しい。磁気共鳴画像法（MRI）のような可視化技術が音声研究に頻用される理由はこの問題点にあって，実験と理論による音声研究の意義は今後も軽視されることはない。

引用・参考文献

1) Potter, R. K. (1946) Introduction to technical discussions of sound portrayal, J. Acoust. Soc. Am., **18**：1–3.

2) Dudley, H. (1955) Fundamentals of speech synthesis, J. Audio Eng. Soc., **3**：170–185.

3) Koenig, W., Dunn, H. K., & Laccy, L. Y. (1946) The sound spectrogram, J. Acoust. Soc. Am., **18**：19–49.

4) Potter, R. K. (1945) Analysis and representation of complex waves, US Patent 2429235.

5) Oppenheim, A. V. (1970) Speech spectrograms using the fast Fourier transform, IEEE SPECTRUM, **7**：57–62.

6) Joos, M. (1948) Acoustic Phonetics, Linguistic Society of America.

7) Delattre, P. (1951) The physiological interpretation of sound spectrograms, Publications of The Modern Language Association of America, 66, 864.

8) Miller, R. J. (1953) Auditory tests with synthetic vowels, J. Acoust. Soc. Am., **25**：114–121.

9) Cooper, F.S., Liberman, A. M., & Borst, J. M. (1951) The interconversion of audible and visible patterns as a basis for research in the perception of speech,

32   1. 音 声 の 性 質

Proceedings of the National Academy of Science, **37** : 318–325.

10) Cooper, F. S. (1953) Some instrumental aids to research on speech, The 4th Meeting, Linguistics and Language Teaching, pp. 46–53, Georgetown Univ.

11) Borst, J. M. (1956) The use of spectrograms for speech analysis ad synthesis, J. Audio Eng. Soc., **4** : 14–23.

12) Delattre, P., Liberman, A. L., Cooper, F. S., & Gerstman, L. J. (1952) An experimental study of the acoustic determination of vowel color, Word, **8** : 195.

13) Cooper, F. S., Delattre, R. C., Liberman, A. L., Borst, J. M., & Gerstman, L. J. (1952) Some experiments on the perception of synthetic speech sounds, J. Acoust. Soc. Am., **24** : 596–606.

14) Chiba, T., & Kajiyama, M. (1942) The Vowel : Its Nature and Structure, Tokyo : Tokyo Kaiseikan.

15) Fletcher, H. D. (1929) Speech and Hearing, D. Van Nostrand.

16) von Békésy, G. (1948) On the elasticity of the cochlear partition, J. Acoust. Soc. Am., **20** : 227–241.

17) Jenkins, J. J. (1987) A selective history of issues in vowel perception, Journal of Memory and Language, **26** : 542–549.

18) Peterson, G. E., & Barney, H. L. (1952) Control methods used in a study of the vowels, J. Acoust. Soc. Am., **24** : 175–184.

19) Stevens, K. N., & House, A. S. (1963) Perturbation of vowel articulation by consonantal context : An acoustical study, Journal of Speech and Hearing Research, **6** : 111–128.

20) Lindblom, B. (1963) Spectrographic study of vowel reduction, J. Acoust. Soc. Am., **35** : 1773–1781.

21) Strange, W., Jenkins, J. L., & Johnson, T. L. (1983) Dynamic specification of coarticulated vowels, J. Acoust. Soc. Am., **73** : 695–705.

22) Harrington, J., & Cassidy, S. (1994) Dynamic and target theories of vowel classification : Evidence from monophthongs and diphthongs in Australian English, Language and Speech, **37** : 357–373.

23) von Békésy, G. (1949) The vibration of the cochlear partition in anatomical preparations and in models of the inner ear, J. Acoust. Soc. Am., **21** : 233–245.

24) 勝木保次, 菅乃武男 (1966) 聴覚の生理, 電子通信学会編『聴覚と音声』(pp. 1 –60), コロナ社.

25) Kemp, D. T. (1978) Stimulated acoustic emissions from within the human auditory

system, J. Acoust. Soc. Am., **64**：1386–1391.

26) Rhode, W. S. (1978) Some observation on cochlear mechanics, J. Acoust. Soc. Am., **64**：158–176.

27) Brownell, W. E., Bader, C. R., Bertrand, D., & de Ribaupierre, Y. (1985) Evoked mechanical responses of isolated cochlear outer hair cells, Science, **227**：194–196.

28) Zheng, J., Shen, W., He, D. Z. Z., Long, K. B., Madison, L. D., & Dallos, P. (2000) Prestin is the motor protein of cochlear outer hair cells, Nature, **405**：149–155.

29) Weber, E. G., & Bray, C. W. (1930) Action currents in the auditory nerve in response to acoustical stimulation, Proc. Natl. Acad. Sci. U.S.A, **15;16**：344–350.

30) Fletcher, H. (1953) Speech and Hearing in Communication, New York：D. Van Nostrand.

31) Fletcher, H. (1930) A space-time pattern theory of hearing, J. Acoust. Soc. Am., **1**：311–343.

32) Fletcher, H. (1940) Auditory patterns, Review of Modern Physics, **12**：47–65.

33) Zwicker, E. (1961) Subdivision of the audible frequency range into critical bands, J. Acoust. Soc. Am., **33**：248–249.

34) Patterson, R. D. (1974) Auditory filter shape, J. Acoust. Soc. Am., **55**：802–809.

35) Moore, B. C. J., & Glassberg, B. R. (1983) Suggested formulae for calculating auditory-filter badwidths and excitation patterns, J. Acoust. Soc. Am., **73**：750–753.

36) Moore, B. C. J. (1995) Frequency analysis and masking, In B. C. J. Moore (ed.) Hearing (pp. 161–205), Orlando：Academic Press.

37) 日本音響学会編 (2011) 音響サイエンスシリーズ 3『聴覚モデル』, コロナ社.

38) Moore, B. C. J., (2008) Basic auditory processes involved in the analysis of speech sounds, Phil. Trans. R. Soc. B., **363**：947–963.

39) Stevens, K. N. (1997) Articulatory-acoustic-auditory relationships, In W. J. Hardcastle & J. Laver (eds.), The Handbook of Phonetic Sciences (pp. 463–506), Oxford：Blackwell .

40) Chistovich, L. A., & Lublinskaya, V. V. (1979) The 'center of gravity' effect in vowel spectra and critical distance between the formants：Psychoacoustical study of the perception of vowel-like stimuli, Hearing Research, **1**：185–195.

41) Syrdal, A. K., & Gopal, H. S. (1986) A perceptual model of vowel recognition based on the auditory representation of American English vowels, J. Acoust. Soc. Am., **79**：1086–1100.

34   1. 音 声 の 性 質

42) Traunmüller, H. (1981) Perceptual dimension of openness in vowels, J. Acoust. Soc. Am., **69**：1465-1475.

43) Jakobson, R., Fant, G., & Halle, M. (1963) Preliminaries to speech analysis：The distinctive features and their correlates, Cambridge：The MIT Press. 竹林 滋・藤村 靖 訳 (1977)『音声分析序説』, 研究社.

44) Ladefoged, P. & Johnson, K. (2014). A Course in Phonetics, 7th edition, Wadsworth Pub. Co.

45) Jespersen, O. (1904) Lehrbuch der Phonetik, Leipzig & Berlin, Teubner.

46) Stetson, R. H. (1951) Motor Phonetics：A Study of Speech Movements in Action, Amsterdam：North Holland.

47) Krakow, R. A. (1999) Physiological organization of syllables：a review, Journal of Phonetics, **27**：23-54.

48) Horiguchi, S., & Bell-Berti, F. (1987) The velotrace：A device for monitoring velar position, Cleft Palate journal, **24**：104-111.

49) Ohala, J. J. (1971) Monitoring soft palate movements in speech, The 81th Meeting of the Acoustical Society of America.

50) House, A.S., & Fairbanks, G. (1953) The influence of consonant environment upon the secondary acoustical characteristics of vowels, J. Acoust. Soc. Am., **25**：268-277.

51) Lehiste, I., & Peterson, G. E. (1959) Vowel amplitude and phonemic stress in American English, J. Acoust. Soc. Am., **31**：428-435.

52) Lehiste, I., & Peterson, G.E. (1961) Some basic considerations in the analysis of intonation, J. Acoust. Soc. Am., **33**：419-423.

53) Lehiste, L. (1970) Suprasegmentals, Cambridge, Mass.：MIT Press.

54) Ohala J. L., & Eukel B. W. (1987) Explaining the intrinsic pitch of vowels, In R. Channon & L. Shockey (eds.), In Honor of Ilse Lehiste, (pp. 207-215), Dordrecht：Foris Publications.

55) Heffner, R. M. S. (1964) General Phonetic, The University of Wisconsin Press.

56) Lisker, L., & Abramson, A. S. (1964) A cross-language study of voicing in initial stops：acoustical measurements, Word, **20**：384-422.

57) Dorman, M. F., & Studdert-Kennedy, M. (1977) Stop-consonant recognition：Release bursts and formant transitions as functionally equivalent, context-dependent cues, Perception and Psychophysics, **22**：109-122.

58) 藤村 靖 (1989) 音声・音韻研究の展望,『講座日本語と日本語教育, 第2巻, 日

本語の音声・音韻（上）』（pp. 365–389），明治書院.

59) 藤村 靖（2007）『音声科学原論：言語の本質を考える』岩波書店.

60) Browman, C. P., & Goldstein, L. (1989) Articulatory gestures as phonological units, Phonology, **6**：201–251.

61) Browman, C. P., & Goldstein, L. (1992) Articulatory phonology：and overview, Phonetica, **49**：3–4.

62) Saltzman, E. & Munhall, K. G. (1987) A dynamic approach to gestural patterning in speech production, Ecological Psychology, **1**：333–382.

63) Ruben, P., Bear, T., & Mermelstein, P. (1981) An articulatory synthesizer for perceptual research, J. Acoust. Soc. Am., **70**：321–328.

64) Fujimura, O. (1992) Phonology and phonetics：a syllable-based model of articulatory organization, J. Acoust. Soc. Jpn. (E), **13**：39–48.

65) 藤村 靖（1999）発話の記述理論：C/D モデル，日本音響学会誌，**55**：762–768.

66) 前川喜久雄（1989）母音の無声化，『講座日本語と日本語教育，第 2 巻，日本語の音声・音韻（上）』pp. 135–153，明治書院.

67) 藤本雅子（2005）母音無声化時の喉頭調節：無声化の少ない大阪方言話者の場合，音声研究，**9**：50–59.

68) Sawashima, M. (1969) Devoiced syllables in Japanese：a preliminary study by photoelectric glottography, Ann. Bull. RILP, **3**：35–41.

69) Fougeron, C. & Keating, P. (1997) Articulatory strengthening at edges of prosodic domains, J. Acoust. Soc. Am., **101**：3728–3740.

70) 前川喜久雄（2009）日本語学習者音声研究の課題，日本語教育，**142**：4–13.

71) Sawashima, M. & Hirose, H. (1981) Abduction-adduction of the glottis in speech and voice production, In K. N. Stevens & M. Hirano (eds.), Vocal Fold Physiology, (pp. 329–346), Tokyo：University of Tokyo Press.

第2章

発 声 の 機 構

2.1 声帯と声門音源

　声は音の波であり呼気流が声帯に作用して波ができる。古くは気管と声帯が笛となって音が出ると考えられたが，動物の声帯を使った吹鳴実験により否定された。また，声帯に付着する筋が収縮を繰り返して声帯の振動数を決めるという理論が出されて，この理論を否定するために多くの実験が行われた。その結果，声の生成は呼吸器官である肺と付属器官である喉頭内の声帯の間に生じる空気力学的な相互作用に依存することが再確認された。呼気流が声門を通過する過程で声帯は高速度で励振されて，サイレンのように呼気流を断続することによって声を生じる。この発声機構は物理現象であるため，声帯振動は動物実験の対象となり工学モデルともなった。一方，声帯振動をもたらす喉頭全体の生理機構と言語音の運用における詳細は研究対象として残っている。声帯振動はヒト以外の多くの脊椎動物にも共通するが，ヒトの発音機構には声帯振動の停止と開始や声の高さの随意調節機構が備わるとともに，1回の呼気の間に何回も声を断続させることができる神経機能が発達している。興味深いことに，ヒトの発声には随意制御と自動制御の2系統が混在するといわれる。このような声の調節機構の特性は音声の音響的特徴に大きく貢献していると思われる。

2.1.1 声 帯 の 振 動

　声を発する際に**声帯**（vocal folds）が振動して音源をつくることはかなり古

い年代から体感により推測されていたと考えられるが，動物やヒトから摘出した喉頭を用いた声帯の吹鳴実験によって確認されたのは1700年頃と伝わっている。声帯振動に伴い声門が開閉して生じる呼気の噴流は puff と呼ばれ，その衝撃音が声道内の気柱に共鳴して母音を生じると考えられた。そのような実験はその後も繰り返し行われ，ドイツの物理学者兼生理学者である Müller も同様の実験を行って今日でいう音声生成の「**音源・フィルタ理論**」を1848年に提唱したとされている[1),2)]。

母音型音声の音源は**声帯振動**に伴う声門気流の断続音であり，声門気流音源と呼ばれる。すなわち，加圧された呼気が閉小化された声門を通過する際に声帯組織に流体力学的作用を及ぼすことにより声帯振動が生じ，その結果として体積流の脈動が発生する。声門音源の生成機構は古くは Helmholtz が図示したように**膜リード笛**の発音機構に等価なものとみなされていたことがうかがわれる。この笛のモデルは20世紀初頭の国内初の音響学書にも**図2.1**（a）のように描かれ，声帯の働きは円筒の一端に張った膜リードにほかならないと記されている[3)]。同様の類推により，図（b）に示すような声門開閉の声帯モデル

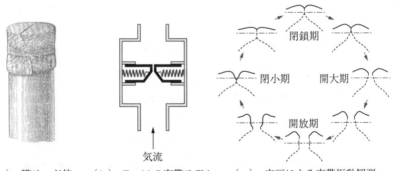

（a）膜リード笛　　（b）Ewald の声帯モデル　　（c）広戸による声帯振動観測

図2.1　古典的な声帯モデルと声帯振動の4相（閉鎖期，開大期，開放期，閉小期）。（a）Helmholtz の時代に想定された膜リードによる声帯モデル[3)]。（b）筋弾性空気力学理論において想定された Ewald による声帯モデル[4)]。（c）喉頭ストロボスコープ法による声帯振動の4相。声帯振動の諸相実線は映像より観察される領域，破線は領域外の推測形状を示す。水平鎖線は声帯上面の上下動を対比するための基準線。広戸（1966）[4)]による原図を円環状に改変したもの。

38   2. 発 声 の 機 構

も提案され[4]，声帯の上下動も考慮する必要があることが議論された。20世紀後半においても，声帯振動は声帯組織の弾性と呼気の流体力学的効果によって生じる物理的現象と考えられ，van den Berg により **筋弾性空気力学理論**（myoelastic aerodynamic theory）が提唱された[5]。この理論の提唱には当時の対立理論であった **神経同期説**（neuro-chronaxic theory）を否定する意図があったといわれる。神経同期説は声帯筋層を斜走する筋繊維の収縮により声門開閉が生じると主張するものであり，声の高さに同期した筋電信号パルスを記録する実験も行われた。van den Berg の理論は，声門は声門下腔の加圧により開き，声帯組織の復元力と声門における Bernoulli 力により閉じるとする声帯振動機構を理論化するものであり，筋電計測実験の誤謬を指摘して神経同期説を廃説に追い込むには十分であったが，声帯粘膜の振動様式については必ずしも正確なものではなかった。

声帯振動における粘膜層の役割は，声帯振動の画像記録実験が繰り返される過程で次第に明らかになってきている。声帯振動を映像として記録する試みは，19世紀後半に **ストロボスコープ法** に映画撮影法を組み合わせた装置によって実用化され，国内においても音声学および医学の研究に応用された[6],[7]。広戸は喉頭ストロボスコープ法により声帯粘膜層の「ずり上がるような」移動性を認めて，声帯粘膜層の上部と下部の相差をもつ変形が声帯振動の本質であるとした。そして，声帯振動に関与する組織は主として声帯表面の粘膜層であることから，**粘膜粘弾性空気力学理論**（mucoviscoelastic-aerodynamic theory）と名づけた[8]。その後にも高速度映画撮影の実験が行われるとともに，声帯組織を形成する粘膜層，粘膜下層，筋層からなる層構造が調べられて，多様な声帯振動モードの実現に貢献する構造であることから，**ボディカバー理論**（body-cover theory）という考え方が提案された[9],[10]。

以上のような声帯振動の観測実験により，以下の項目が声帯振動の性質として一般的に理解されている。

- 声帯振動に伴う声門の状態変化は閉鎖期，開大期，開放期，閉小期の4相に分けられる。

- 振動中の声帯遊離縁に上唇,下唇と呼ばれる二つの粘膜ひだの変形が生じて各相においてひだの形が変化する。
- そのような粘膜ひだの変形は声帯上面において外側に伝搬する粘膜波動としても観測される。

図(c)は広戸による観測例であり,ストロボスコープ法により記録された資料に基づいて声帯遊離縁における前額面上の状態変化が示されている。喉頭鏡下の撮影では声帯の立体形状変化を観測することができない。この図では映像より可視化された声帯上面の領域を実線で示し,それ以外を破線で示すことにより推定される声帯形状変化が示されている。

2.1.2 声帯の形

声帯は喉頭腔内にあって筋層・粘膜下層・粘膜層からなる左右一対のひだであり,その前端は甲状軟骨の裏面に,後端は披裂軟骨の**声帯突起**(vocal process)にある。**図2.2**(a)に示すように丸みを帯びた声帯遊離縁の形がヒト声帯の特徴とされる。声帯の直上には喉頭室があり,その上方には前庭ひ

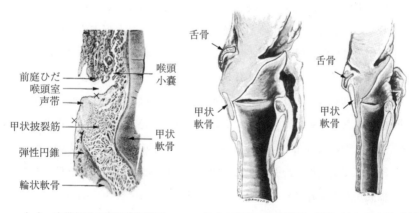

(a) 声帯付近の半側前額断面　　(b) 喉頭の矢状断面:男性(左)と女性(右)

図2.2 声帯の周囲構造と喉頭の男女差。いずれも Negus (1962)[11] より引用したもの。
(a) 声帯周囲の前額断面。×印は扁平上皮に覆われた声帯遊離縁の位置を示す。
(b) 若年男女の喉頭断面図。中央部にある水平のスリットは喉頭室を指し,声帯膜様部の長さにほぼ等しい。原図は実寸で示されている。

40   2. 発 声 の 機 構

だがある。声門の開大と閉小の動作は披裂軟骨にある声帯突起および筋突起に付着する諸筋の作用によってもたらされる。左右の声帯の間の空隙を**声門**（glottis）と呼び，声帯突起より前方を膜様部，後方を軟骨部と呼ぶ。声門膜様部は声帯振動の生じる部位であると考えられている。声門膜様部の長さは喉頭室の長さとほぼ等しく，図（b）に示すように明らかな男女差があって男性で長く，女性では相対的に声門軟骨部が長い。軟骨部の声門は発声時に閉鎖が不完全になることがあり，声門気流音源に直流成分を加えるとともに声門気流雑音を生じる一因となる。この気流雑音は有声音源と同様に声道内で共鳴して弱い連続スペクトルとして現れる。

声帯組織は前方から後方に至るまで基本的には相似の断面構造をとるとみなされて，その構造は声帯の3次元モデルにも採用されている。これはモデル化における便宜上の簡単化のためだけではなく，発声時の声帯の3次元構造を可視化することが技術的に困難であったためでもある。喉頭撮像用の専用コイルを備えた**磁気共鳴画像法**（MRI）によって発声時の声帯前額断面を観察すると，**図2.3**（a）に示すように声帯中央部と比べて声帯突起付近の位置では粘膜遊離縁の上面が上に向かって盛り上がった形をとることがわかる。これは発声に際して声帯突起が内転すると同時に下方に向かって回転するためであり，声帯粘膜が前後に強く張っている状況下で声帯突起が下降する結果，図（b）に示すような声帯粘膜の垂直部と呼ぶべき形が生じる。この粘膜の凸部形成は披裂軟骨の運動を考慮すれば十分に推測できるが，披裂部に覆われて可視化しにくい部位であるために声帯の研究で取りあげられたことはなく，声帯振動に及ぼす効果についても知られていない。この垂直部の粘膜は，前方の声帯粘膜部分と結合して連成振動を引き起こす要因となり，あるいは垂直部粘膜を介して声帯振動が声帯突起後部の軟骨部声門の粘膜に波及して声の高さの調節に関与するなど，複雑な声帯振動の一因となる可能性が想像される。もしも軟骨部声門の粘膜が声帯振動に関与することがあるならば，膜様部声門のみが声帯振動に関与するという従来の説明を書き換える必要があるが，可視化実験によってその正否を証明することは非常に難しいと思われる。

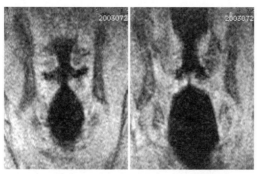

(a) 喉頭の前額断面　　　　　　　(b) 声帯の3次元形状

図 2.3　発声時の声帯の形。(a) 喉頭の MRI 前額断面。発声同期撮像法を用いた。声帯の断面は中央部では厚く，後部では薄くなるとともに声帯突起付近では粘膜の垂直部が生じる。(b) 声帯表面形状の3次元構築。後部声門（軟骨部）の終端までは追えていない。丸みを帯びた声帯遊離縁の形状はヒト声帯の特徴とされるが，声帯突起付近では遊離縁が上方に尖鋭化する。

2.1.3　声門気流音源の形

　声帯振動の流体力学的研究は歴史が長く，ヒトや動物から摘出した喉頭と加圧した気流を用いて吹鳴実験が行われてきた。そのような in vitro の方法を用いることにより声帯振動に伴う声帯粘膜の波動現象が観測されてきた。同時に**声門気流音源**を生じるための声門面積変化と空気力学的要因の条件も計測されてきた。声門気流音源の波形についても摘出喉頭の吹鳴実験により記録可能であり，実際にヒトにおいても喉頭摘出手術時に録音されたことがあったが，実測した波形には現実味がないといわれる。その理由は，声門気流音源の変動が声道の音響負荷の影響を受けるためであり，現実の音源波形は声帯と声道とが結合した状態においてのみ本来の形が存在するからにほかならない。

　声門気流の音源波形は，古くは頂点が左に偏った非対称の間歇三角波として描かれており，Chiba & Kajiyama (1942)[6] を初めとして Fant (1960)[12]，Stevens (1961)[13] にも類似の波形が描かれている。おそらく加圧された呼気が

42   2. 発声の機構

声門開大の開始時点に一致して噴流となって現れると推測したためと考えられる。図2.4（a）は，Chiba & Kajiyama に描かれた音源波形（左上の喉頭音）を含む母音生成過程の図であり，声道の音響結合がない場合の波形と注記されている。声門気流音源波形を求める研究はベル電話研究所において声帯振動の**高速度映画撮影**実験[14]に始まる研究課題であり，声門面積波形の報告[15]に引き続いて，アナログ式の逆フィルタ回路網の使用[16]によって音源波形が推定された。その結果，声門開放区間における**声門面積波形**はほぼ左右対称の三角形であるのに対して，**声門気流波形**では図（b）のように頂点が右に偏った三角波に近いことが示された。Rothenberg は呼気流計測マスクにより記録した体積速度波形（直流成分を含む音声波形）に対して逆フィルタ法による音源推定を行い，声門気流の慣性運動のために波形頂点が右に移動すると説明している[17],[18]。すなわち，声門面積変化に対して声門気流には時間遅れが生じるが，声門閉鎖の時点で気流は強制的に遮断されて停止する。この瞬間に声道内

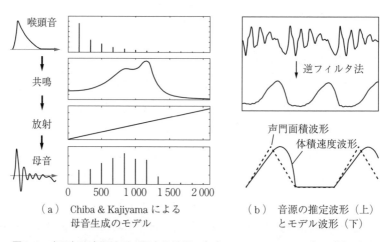

（a）Chiba & Kajiyama による母音生成のモデル　　（b）音源の推定波形（上）とモデル波形（下）

図2.4 声門気流音源波形の歴史的対照。（a）Chiba & Kajiyama (1942)[6]による母音生成モデル。この図は現代的な音源フィルタ理論そのものであり，左傾斜した音源波（喉頭音）のピーク位置のみが現在の理解と異なっている。喉頭音のスペクトルには単調減少曲線のもつ高調波構造をあてた。（b）上図は Miller (1959)[16]による逆フィルタ法により求められた音源波形。声道の共鳴特性を相殺するフィルタ回路を用いて音声波形を処理したもの。下図は声門面積波形（破線）に対して気流波形（実線）のピークが時間遅れをもつとする音源波形モデルの一例[17]。

の気柱が強く励振されて実効的な音源になると理解されている。

　声門気流波形は声道の音響結合のある場合に共鳴による影響を受ける可能性があるが，これを実測実験により確認することは難しい．ベル電話研究所のFlanaganらは筋弾性空気力学理論に従う1質量の**声帯モデル**を考案して声門気流波形の推定を試みた[19]．このモデルを用いることにより声帯振動と声門気流パタンを計算機により再現することに成功したが，呼気圧や声道の音響負荷による影響が過度に生じて，母音ごとにF0が変化するという難点があった．石坂は広戸の観測した声帯粘膜の移動性を重視して2質量の声帯モデルを独自に考案し，声帯の上唇と下唇との間に位相差をもつとされる声帯振動パタンを計算により実現した[20]．その後，石坂はFlanaganとともに2質量モデルの研究を進め，可変長の音響管を用いた発声実験により声道音響負荷の影響を調べ，2質量モデルを用いた計算機シミュレーションから得られた結果と一致することを確認した．

　図2.5は，声帯振動の2質量モデル[21]により計算された声門気流波形を示す．1質量モデルの結果と同様に，母音/a/の第1フォルマント（F1）に相当する周波数成分（F1リップル）が気流波形に重なっている．この2質量モデ

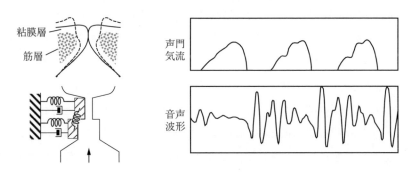

（a）声帯の変形と2質量モデル　　（b）声門体積流（上）と合成音声（下）

図2.5　声帯2質量モデルと声門気流シミュレーション波形（Ishizaka & Flanagan (1972)[21]より改変）．（a）声帯粘膜層の励振変形を模擬した2質量モデル．成人男声において声帯遊離縁は声門開大期に上唇と下唇との位相差を示すため，2自由度の運動系としてモデル化される．（b）2質量モデルに基づく声門気流（体積速度波形）のシミュレーション波形．声帯と声道の結合を考慮した結果であり，音響結合の効果がリップルとして音声波形に現れている．

44   2. 発 声 の 機 構

ルについては他書で広く紹介され，音声の規則合成の音源として応用されてきている。2 質量モデルは声帯粘膜層の変形特徴を模擬する一方，声帯振動に伴うはずの声帯組織の上下動は表現されていない。また，発振可能な周波数範囲にも制限がある。足立らの 2 次元声帯モデル[22]は声帯の上下動を考慮したものであり，広戸の重視した粘膜層の移動性を部分的に組み入れたものとみなすことができる。2 次元声帯モデルは声道の第 1 フォルマント（F1）を超える高い周波数領域においても発振可能であり，ソプラノの最高音域も再現することができた。最近では計算流体力学の計算手法を用いる研究が広まり，現実に近い声帯粘膜の変形を声門気流との相互作用により模擬して声道共鳴とともに音声を実現するシミュレーション技術が注目されている[23]。

2.2　声の高さの変化

　話し声において**声の高さ**の変化すなわち**基本周波数**（F0）の昇降は発話の韻律を構成する 1 要因であり言語ごとに異なるさまざまな機能を果たす。F0 は声帯組織のもつ固有振動特性を反映し，声の高低の調節は話し声に使われる F0 の周波数範囲では声帯張力の増減に 1 次的に依存するとみなすことができる。第 2 の調節要因として呼気圧が知られており，呼気圧のみを高めるならば F0 が高くなる。しかし，話し声において呼気圧の調節が声帯張力の制御と完全に独立しているとは考えにくく，少なくとも韻律を構成する周波数範囲においては声帯張力の調節に呼応する副次的な要因とみなしてよいと思われる。

　声帯はドイツ語の Stimmband の訳語であり，古い英語名である vocal cord は 18 世紀初頭にフランスの解剖学者 Ferrein が名づけたといわれ，声帯を楽器の弦に見立てた振動機構に由来する語として伝わっている。Ferrein は声門と気管が構成する笛の原理による発声機構を否定して，声帯振動による気流の断続が音源であると考えた点において現在でも評価されている[24]。しかし，弦は張力が一定ならば固有振動数は長さに依存して変化するが，声帯は外力により引き伸ばされて張力が変化することによりその固有振動数が変化する。し

2.2 声の高さの変化　　45

たがって，現在では弦振動機構を否定し声帯を組織のひだとみなして vocal fold と呼ぶ。声帯組織を質量バネの連鎖で模擬するならば，声帯が引き伸ばされるとバネの張力が増大するとともに単位質量が減少する。その結果，声帯組織の固有振動数が増大するという説明が声帯の 2 質量モデルに基づく一般的な理解になっている。しかし，声帯をとりまく構造を考えてみると，以下に説明するように張力の制御と長さの制御がともに作動しているとみなす必要があるかもしれない。

2.2.1　声の高さ，声帯張力，呼気圧の関係

声帯張力は**声帯長**により決まり声帯が長くなれば張力が増大するとされているが，いずれも実測することが難しい。声帯の長さの変化については，喉頭鏡や内視鏡による肉眼観察によって声が高くなれば声帯が長くなることがわかるが，長さそのものを実測することができない。この問題を解決するために硬性内視鏡を 2 本束ねた**ステレオ側視型内視鏡**が開発され，定常発声時における声帯長の立体計測が可能になった[25]。その結果，声が高くなるにつれて対数関数的に声帯が伸長することが調べられ，オクターブ当りの声帯長変化の中央値は，成人男性で 2.8 mm，成人女性で 1.9 mm という値が報告されている[26]。また，この立体計測法は高速度ディジタル撮像装置と組み合わせて発声時の声門面積関数を実測する方法としても用いられた[27]。一方，海外では通常の側視型内視鏡の先端に平行する 2 本のレーザ光線を発生する装置を取りつけて内視鏡像上で直接計測する方法が用いられた[28]。

声帯振動を引き起こすエネルギー源は肺からの呼気であり，F0 変動には空気力学的要素が関与しうる。例えば，胸部の拳打によって F0 は瞬間的に上昇する[29]。その理由として，加圧された呼気流により声帯遊離縁が弓状となって粘膜の張力が増大するためと推量されている。声帯振動の筋弾性空気力学理論が広まった頃に呼気圧の関与が注目されたこともあって，話し言葉における F0 変動の要因として**呼気圧**（あるいは**声門下圧**）の関与を重視する考え方があった。Lieberman は呼気圧と声の高さとの関係を 16 〜 22 Hz/cmH$_2$O という

46   2. 発 声 の 機 構

高い値に設定し，発話における F0 変動を呼気圧変化によって説明した[1]。呼気圧の直接的な測定には声門下の気管に針を刺入するという侵襲度の高い手法が要求されるため実験事実による誤謬の検証にも困難が伴ったが，その後のいくつかの実測実験では呼気圧による F0 変動への寄与率については 2 ～ 4 Hz/cmH_2O という低い値に留まっている[30]。話し言葉の経過において肺容量が徐々に減少することは確かであり，F0 変動の要因として呼気圧の関与を想定することは不自然ではないが，楽な発声時における呼気圧の変動幅が 5 ～ 10 cmH_2O 程度であることを考慮すると，呼気圧の変動を F0 変動の第一義的要因とすることは難しい。

2.2.2　声の高さを変化させる筋性機構

声が喉頭でつくられてその高さ変化が声帯の伸縮機構によることは，おそらく 16 ～ 17 世紀の解剖学者たちが喉頭標本を手に取り**甲状軟骨**と**輪状軟骨**の連結に力の作用を加えて声帯長の変化を確かめたことに由来するのでないかと想像される。そのような観察によって**輪状甲状関節**の仕掛けを最初に発見したのはいったい誰なのか，歴史に埋もれた謎の一つといえるかもしれない。

図 2.6（a）に **F0 調節**の基本的な機構を示す。輪状甲状関節は左右一対の対関節構造（visor）をなすために，軟骨間をつなぐ**輪状甲状筋**（cricothyroid：CT）が収縮すれば回転と滑走の**関節運動**により声帯の伸縮が生じる。この声帯伸縮機構は喉頭の構造をみれば自明であって声帯の伸長に効果的であることがわかる。一方，この機構に拮抗して声帯を短縮させて声を下げる機構は喉頭構造を注視する限り推測しにくく，声の高さの昇降に伴い喉頭が上下動するという経験的な知識から喉頭を引き下げるべく配置された**舌骨下筋群**に何らかの役割が想定された。事実，Soninnen は新鮮な人体標本を用いて喉頭を引き下げる筋の牽引操作によって声帯が短縮するという証拠を見出して**喉頭枠組み機能**（external frame function）と呼んだ[31]。Atkinson は短い文章発話における内外喉頭筋の**筋電計測**実験を行い，声の高さに対して輪状甲状筋（CT）が正の相関を，**胸骨舌骨筋**（SH）が負の相関を示すことを報告した[32]。その

2.2 声の高さの変化

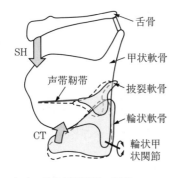 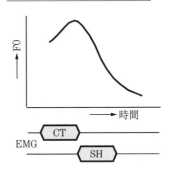

(a) 輪状甲状関節の運動　　　　(b) 高低アクセントと筋活動

図 2.6　発話における F0 調節の CT-SH モデル。(a) 喉頭の枠組みと関節運動。輪状甲状筋（CT）の収縮により輪状軟骨と甲状軟骨は回転と滑走の関節運動を生じて声帯（図中では声帯靱帯）を引き伸ばし，筋活動の消失により声帯はもとの長さに戻る。胸骨舌骨筋（SH）は舌骨を引き下げることにより喉頭全体を下降させるが，声帯の短縮につながる機構はこの図からはみえてこない。(b) CT と SH の拮抗関係。高低アクセント語における CT と SH の典型的な筋電信号（EMG）の強度パタンを模式化したもの。

後も単語アクセントの生理学的背景を調べる筋電計測実験が繰り返され，CT と SH の拮抗関係の分析が行われた。その結果，図 (b) に模式的に示すように，F0 の昇降に伴って CT と SH に時間差を伴う活動が記録されて，F0 調節の **CT-SH モデル**と呼ぶべき単純化した理解が広まった。日本語のアクセント研究においても，これら 2 筋の拮抗的関係は，高低アクセント語の発話において F0 の落差を強調する場合，語頭に閉鎖子音をもつ場合，その語末に広口母音をもつ場合などにおいて典型的なパタンを示すが，自然な発話では必ずしも明瞭な対照を示すとは限らない。調音の進行に伴うさらに複雑な F0 調節が行われていることが推測される。

〔1〕 **F0 上昇機構**　　声の高さ（F0）の第一義的な調節機構は，すでに述べたように声帯の長さを調節することにより声帯組織の張力を変化させる機構が主体をなしている。この機構を作動させる主要な仕組みが輪状甲状関節の運動であり，関節の回転と滑走の運動によって輪状軟骨を移動させ，輪状軟骨上に位置する披裂軟骨を動かす働きである。これにより声帯の後端の位置が変化

48   2. 発 声 の 機 構

して声帯が伸縮される。この関節運動の作動要因としては，すでに図2.6（a）
に示したように輪状軟骨と甲状軟骨を結ぶ輪状甲状筋（CT）の作用があまり
にもよく知られている。輪状甲状筋には解剖学的区分があって，前方に位置す
る垂直部と後方にある斜部に分かれる。この区分は輪状甲状関節の回転と滑走
にそれぞれ対応する解剖学的配置にあるようにみえるが，各部の機能的役割を
実験的に調べることは難しく，筋電計測の結果もデータごとの差が大きいため
に結論を出しにくいという問題が残っている。

　その他の喉頭内部における F0 調節機構の可能性として，声帯振動に関わる
声帯の実効的な長さを変化させる機構も推測されている。**側輪状披裂筋**
（lateral cricoarytenoid：LCA）は披裂軟骨の筋突起に力の作用を及ぼし，同軟
骨の声帯突起（声帯靭帯の付着部）を内転させて声門閉鎖をもたらすような解
剖学的配置にあるために純粋な意味での内転筋とされる。発声時の筋電計測実
験では LCA は CT と同様に F0 と高い相関を示すが，この筋は輪状甲状関節の
運動には関わらない。したがって，関節運動以外の機構，すなわち披裂軟骨の
声帯突起の内転そのものに作用機序を見出さなければならない。**図2.7**（a）
に示すように，左右の声帯突起は発声時に内転して声門を閉鎖させる。この内
転力が強い場合には声帯振動に関与する声帯組織は声門膜様部のみであるが，
内転力が弱い場合には声帯振動に伴って声帯突起も振動する可能性があ
る[33]。これは振動に関与する声帯組織の実効長が声帯膜様部の長さとは必ず
しも一致せず，内転力の強さに応じて声帯振動長が変化することを意味する。
逆に考えれば，声帯組織の張力が一定であると仮定して，声帯突起の内転力が
増大して声帯振動の実効長が短縮すれば，声帯の固有振動数が増大して F0 が
上昇する可能性がある。

　輪状甲状関節に力の作用を及ぼす可能性のある筋は輪状甲状筋以外にも数多
くある。図（b）に示す**下顎-舌骨-甲状軟骨系**（thyro-hyo-mandibular chain）
を構成する筋群は輪状甲状関節の運動に関与しうるため，喉頭内外の筋による
関節運動への総合的な作用が F0 調節の主要な筋性要因であるとみなすことが
できる。単語アクセントに注目すればアクセント核に対応した輪状甲状筋の活

2.2 声の高さの変化

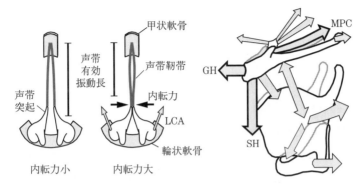

(a) 声帯突起に加わる内転力　　(b) 舌骨と喉頭軟骨に加わる筋力

図 2.7 F0 上昇をもたらす生理的機構。(a) 声帯有効振動長の調節。Broad (1973)[33] より改変。声帯は甲状軟骨の裏面正中から左右の披裂軟骨の声帯突起にまたがっている。披裂軟骨は輪状軟骨と，輪状軟骨は甲状軟骨と関節をなす。この関節の回転と滑走の運動によって声帯が伸縮される。(b) 喉頭の枠組みへの力の作用：喉頭の軟骨は舌骨から吊り下げられた支持構造をとるため，舌骨を支える筋も声帯に力の作用を及ぼす。太線矢印は舌骨を 3 方向から支持するオトガイ舌骨筋 (GH)，胸骨舌骨筋 (SH)，中咽頭収縮筋 (MPC) を示す。

動上昇が認められるが，自然な文章発話では F0 曲線と筋活動曲線とは必ずしも並行せず，発話のフレーズが長くなるほど F0 と輪状甲状筋との相関関係が弱化することが知られている[32]。したがって，発話の調音状況に応じてアクセント規則を実現すべくさまざまな筋が声の高さの調節に参入する機構が想像される。外喉頭筋の一つに**オトガイ舌骨筋**（geniohyoid：GH）があり，舌骨への作用を介して喉頭軟骨に力の作用を及ぼす効果が知られている[34]。この筋は舌骨を前方に牽引するために間接的に甲状軟骨を回転させて声帯を引き延ばす可能性がある。また，この筋に対する拮抗筋としては**中咽頭収縮筋**があり，特殊な例として筋収縮により咽頭後壁に膨隆をもたらすことがある[35]。以上の数少ない実験例から，声の高さの調節に関わる機構として図 (b) の太線矢印で示す舌骨支持機構が支持され，CT-SH モデルでは説明できない複雑さがあることを示唆している。

〔2〕 **F0 下降機構**　　F0 下降機構として第 1 に考えられる構成要因は **F0**

上昇機構の作用の消失であり，バネに与えられた力が消失すればバネの長さが復元されるように，声帯組織の復元力が F0 下降の要因となる。このような受動的な作用はアクセント下降におけるような場合に関与しうるが，発話の末尾下降におけるような声帯張力がすでに下限に近い状況での F0 下降を説明しにくく，能動的な F0 下降機構を探索する必要がある。

喉頭内部において F0 下降をもたらす可能性のある要因としては，**甲状披裂筋**（thyroarytenoid：TA）の作用があげられる。この筋は声帯膜様部の全長に沿って**図 2.8**（a）に示した声帯靭帯に並走して声帯の筋層を構成する。したがって，筋配置のみに注目すれば輪状甲状筋と拮抗する解剖学的位置をとるために，TA が単独で筋活動の上昇が生じる場合には，声帯粘膜の短縮と筋層の厚みの増大により F0 を下げる可能性がある。しかし，筋電計測の実験例では，声の昇降に伴って甲状披裂筋は輪状甲状筋とほぼ同様の協同的活動を示すことがほとんどであり[36]，輪状甲状筋による声帯の伸張作用に対抗して力の均衡により関節の安定化をはかるための補足的な活動のように思われる。声帯の層構造と声帯振動との関係を考慮するならば，TA の筋活動に伴う声帯筋層

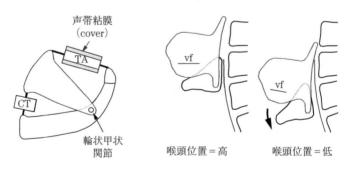

（a） CT と TA との拮抗関係　　　　（b） 喉頭下降と声帯長変化

図 2.8 F0 下降を生じうる喉頭の機構。（a）輪状甲状関節に対する甲状披裂筋（TA）と輪状甲状筋（CT）との拮抗関係。Fujimura（1981）[40]より改変。低い F0 領域においては TA の活動により筋層の厚みが増大して振動に関与する組織の単位質量が増大する。（b）喉頭下降により声帯（vf）の短縮をもたらす機構。喉頭が高い位置（左）から下降すると輪状軟骨は頸椎前面に沿って下降する（右）。頸椎は輪状軟骨の高さで前方にわん曲しているため，輪状軟骨は下降するとともに声帯を短縮させる方向に回転する。

の硬化により粘膜層のみが振動に関与する状況が生じて，振動に関わる実効的な質量が小さくなり，質量とバネからなる運動系の固有振動数を上昇させる可能性がある。一般に筋活動は作用点間の収縮により力の作用を発現するが，TA の場合には声帯振動に関わる声帯層構造に機能的な変更を加える可能性において特異といえる。

　自然な発話において，声の下げに伴って**喉頭下降**の動作が伴うことはよく知られており，実験を待つことなく発話における喉仏の上下動などの日常的な経験からも理解できる。筋電計測実験では喉頭を下げる作用をもつ胸骨舌骨筋などの舌骨下筋群の筋活動が単語中の声の下げに対応して観測されている[37]。しかし，単に喉頭全体が下降するだけでは声帯への力の作用を説明できないため，喉頭の下降から声帯張力の低下へ至る機構の連鎖を明らかにしなければならない。その可能性の一つとして，喉頭下降に伴い輪状軟骨がわん曲した頚椎の前面に沿って下降するとともに声帯を短くする方向に回転を生じる機構が報告されている[38),39)]。MRI を用いて発話時の動きを観測すると，図（b）に示すように，喉頭の軟骨陰影が頚椎前面に沿って上下運動を繰り返す現象をみることができる。輪状軟骨は**頚椎の前わん**が顕著である高さに位置するため，輪状骨が下降するとともに声帯が短縮する方向に回転するという機構が成り立つ。

2.2.3　アクセントとイントネーション

〔1〕　**発話の音調パタン**　　発話時の一般的傾向として，F0 は発話の頭部において上昇したのちに末尾に向かって徐々に下降する傾向があり，いわゆる「への字」曲線を描くといわれる。F0 生成の工学的モデルにおいても，このなだらかな F0 下降曲線が**句音調**の基線であり，その上に**アクセント**に対応する局所的な高まりが重畳するとされている[41)]。

　図 2.9（a）は東京方言で「アイウエオ」と発話するときの F0 パタンの印象を表したものであり，後述する母音の固有基本周波数の差が利用されている。すなわち，固有基本周波数の高い「イ」と「ウ」を第 2，第 3 母音に配置

52　　2. 発声の機構

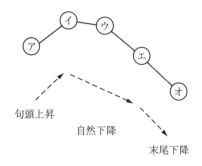
（a）「アイウエオ」の音調

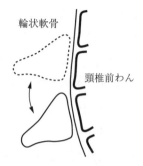
（b）輪状軟骨の上下動と回転

図 2.9　発話の音調パタンと音調生成機構の1要素。（a）東京方言における「アイウエオ」の発話の音調パタンと音声学的な音調の構成要素。（b）音調の昇降に対応する喉頭の上下動と回転。

し，固有基本周波数の低い「ア」と「オ」をそれぞれ頭部と末尾に配置することによって，自然な F0 昇降パタンが生成されるような母音順となっている。発話の**声調**（**イントネーション**）に関しては言語学において詳細に調べられており，アクセントを含めた日本語の音調については海外から導入された理論としてPierrehumbertとBeckmanによるもの（**PB理論**）がよく知られている[42]。この理論ではF0曲線の基本的な構成要素として以下の3要素が設定されており，図（a）にもこれらの要素名を記入した。

- **句頭上昇**（initial rising）：発話の頭部（左境界）を明示するための境界低音（boundary low tone）が置かれるため，単語のアクセント型に関わらずF0は低く始まる。
- **自然下降**（declination）：アクセントを含まない発話においてもF0は徐々に下降し，傾斜の程度は発話の長さに依存して異なる。このF0下降は生理的要因によるものと考えられるため自然下降と呼ばれる。
- **末尾下降**（final lowering）：発話の末尾（右境界）においても境界低音が置かれるためにF0下降が強化される。

以上のようなLHLL型というべき声調パタンの特徴がよく知られているのに対して，背景となる生成的要因については詳しくは調べられていない。その理

由は単一の生理機構による説明が困難であるためと考えられる。また，この特徴は言語の体系に取り込まれ，生理的制約を超えてつねに実現される。音声変動をもたらす生成要因と音声信号に反映される言語現象との間には必ずしも強い因果関係が認められるわけではなく，声調における**音韻規則化**（phonologization）と呼ばれる言語的過程の介在によって広範囲の条件下でその規則が実現される。

　一つのアクセント句からなる短い発話において F0 が緩やかに昇降する現象を説明しうる機構として，前項に説明した F0 下降機構があり，図（b）に簡略化して再掲する。成人（特に男性）においては短い発話に際して喉頭は昇降し，この上下動はアクセント型に関わらず生じる。喉頭の高さは加齢とともに下降するため，喉頭の自然な高さと発話に適した高さに相違が生じるためと考えられる。喉頭上下動による F0 昇降の説明は句頭上昇と自然下降における F0 変化の説明に適していると思われる。もし句頭上昇が PB 理論におけるように高低型の句頭アクセントにおいても認められるならば，喉頭の上昇に伴う関節運動と喉頭筋全体の活動開始とが同時に生じて句頭上昇が生じる可能性は十分にあると考えられる。しかし，喉頭上下動の機構は末尾下降における急激な F0 変化の説明には妥当性を欠く。その理由は，多くの筋電図学的資料をみても，文末において必ずしも舌骨下筋の活動がみられないことであり，喉頭下降ではなくその他の喉頭の動作が関与していると考えられる。一例として実験タスクに含まれない自然発話において文末の**軋み声**（creaky voice）とともに**輪状咽頭筋**（cricopharyngeus）の活動上昇が観察された報告[43]があるように，喉頭から下咽頭にかけての絞扼動作が F0 の急降下に関与する機構を想定する必要がある。

　発話時の F0 曲線の概形を決める生成要因として喉頭上下動のほかに考慮すべきものとして，第 2 の調節要素として前掲した呼気圧がある[44]。呼気圧は発話時の肺内圧に等しく声帯振動周波数を左右する要因の一つであって，F0 変化に伴い変動する傾向があるとともに F0 変化のない発話ではほぼ一定の値に保たれる。発話時の呼気圧は呼吸筋の活動による胸郭と横隔膜の運動により

変化するため，急激なF0変化の主要因とはならない．しかし，自然下降におけるような緩やかなF0変化を説明する要因としては無理がなく，F0との相関関係は計測実験によっても示されている[45]．呼気圧が発話時のF0曲線を制御する指令要因としてありうるとする考え方は，呼気圧により生じるF0変化の領域は十分に広くはなく，喉頭における筋活動が第1指令対象とする見解と対立しており，この問題の決着はいまだについていない．

〔2〕 **アクセント**　日本語の単語アクセントはピッチアクセントと呼ばれ，高声と低声の2段階の高さで辞書表記される．日本語のアクセント理論においては声の下げを生じる音節を**アクセント核**として指定するのみで十分であるとして，箸（は̚し）のように下向きの記号をアクセント核の後につける．声の下げが重要である例として，アクセント核をなす母音が無性化しうる例外的な単語（「帰化」など）においても，後続音節のF0下降が無声のアクセント核を指定しうることがあげられる．しかし，自然な発話において単語アクセントは発話境界の音調や単語の前後関係などの影響を受けるために，アクセントの位置や有無をF0曲線から推定することが難しくなる．したがって，アクセント理論と自然な発話の音調を結びつけるために音声学的実現過程のモデルとして多段階表記あるいは五線音符表記などが用いられたことがあった．図**2.10**（a）は，多段階表記の一例として**5段階説**[46]を示したものであり，尾高（低高）型の「花」と平板（高高）型の「鼻」に助詞「が」が接続したとき

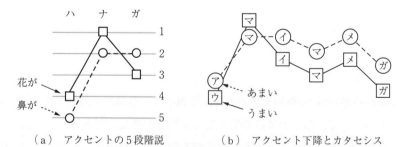

(a) アクセントの5段階説　　(b) アクセント下降とカタセシス

図2.10　アクセントの5段階説とアクセント下降によるカタセシス現象．
(a)「花が」と「鼻が」における音調パタンの5段階表記の例[46]．(b)「うまい豆が」におけるカタセシス現象を「あまい豆が」と対比して示した例[48]．

のピッチの昇降パタンが示されている。どちらの語も句頭上昇のために語頭で声の上昇があるが,「花が」ではアクセント核のある「ナ」で声が高まるとともに後続の「ガ」で大きく下降する。一方,「鼻が」ではアクセントを欠くため「ハ」で低く始まって「ナガ」で平板となる。このようなピッチパタンの例は発話音調の心象として自然であり,アクセント規則の音声学的実現過程の一つの性質を表している。

〔3〕 **カタセシス**   PB 理論はアクセントを含めた発話音調の実現過程をモデル化しようとするものであり,いくつかの種類の高声と低声の記号を用いて境界音とアクセントを表記することにより音声学的な音調パタンを説明している。その中で,**アクセント下降**により生じる F0 下降の増強効果を**カタセシス**(catathesis)と呼び,F0 下降を構成する第 3 要素として議論している。カタセシスは「下に(*cata-*)置かれる(*thesis*)」という語感をもつ造語であり[38),47)],**ダウンステップ**(downstep)と呼ばれることもある。図(b)は「あまい豆が」と「うまい豆が」という二つの句音調を比較した資料[48)]をもとに模式化した図であり,「うまい」のアクセント下降に後続する「豆が」において F0 帯域が低く抑えられる現象が示されている。発話の末尾に向かう F0 下降曲線はアクセント核の存在によって段階的に増強されて急な傾斜を示し,もしアクセント核をもたない発話があるとすれば F0 下降曲線は自然下降と末尾下降の成分のみとなって F0 の落差が圧縮される。この観測から想像されるアクセント下降の生理的背景としては F0 上昇機構の消失が第一義的であり,F0 の高い領域でアクセント下降の落差が大きいことを説明しうる。図 2.8(b)に示した喉頭全体の下降を伴う F0 下降機構は,アクセント下降におけるステップ状の F0 下降を説明しにくい。

2.2.4 マイクロプロソディ

マイクロプロソディ(microprosody)という言葉は,母音の固有基本周波数や F0 の出わたり下降など,アクセントやイントネーションなどの意図的な音韻操作以外の声の高さの微小変異を意味する新語であり,明確な定義は決まっ

56   2. 発 声 の 機 構

ていない。マイクロプロソディを広義に解釈して，音声の自然性をもたらす局
所的な音声の変動と解釈するならば，母音の固有素性として知られる現象はす
べてマイクロプロソディに含まれる。もし，それぞれの母音の固有素性の値を
一定に保って音声を合成したとするならば，狭口母音は広口母音と比べて，低
く，大きく，長いという印象を与え不自然な母音対比として知覚される。子音
に後続する母音開始部時点の F0 は，有声子音では平坦に移行するが無声子音
で高く始まり特徴的な F0 の出わたり下降として認められる。F0 の揺らぎは微
細な変動であり音声の自然性をもたらす要因であるが，発話の末尾で F0 の下
降とともに軋み声を呈する場合があり，末尾の特徴を強化する効果がある。以
下にこれらのマイクロプロソディの構成要素を取りあげてそれぞれの生成要因
について説明を試みる。

〔1〕　**母音の固有基本周波数**　　自然の発話において狭口母音 /i/ と /u/ は
他の母音に比べて F0 が高い [49]。この母音の**固有基本周波数**（intrinsic F0）は
言語に共通する母音生成に伴う F0 の変異であり [50]，舌の調音動作による喉頭
への力の波及を背景要因とすると考えられてきた。狭口母音における舌の高さ
は外舌筋の一つである**オトガイ舌筋**（genioglossus）の水平部の筋収縮により
もたらされる。筋電計測と舌骨位置計測の実験により，この筋の収縮により狭
口母音の調音で**舌骨**が前進すること，同じ母音で F0 を高めるとオトガイ舌骨
筋の収縮により舌骨が前進することなどが調べられた。この結果から**図 2.11**
に示すように，狭口母音の調音に伴う舌骨の前進によりその直下にある甲状軟
骨に作用して声帯を伸展させるという機構を想定することができる [34]。一方，
母音の固有基本周波数を母音知覚の側面からみるとまったく異なる解釈が成り
立つという。母音識別の手がかりはフォルマントパタン（F1 と F2）だけでは
なく，F0 もフォルマントとの相対関係により母音の知覚境界の判別に影響を
与える。狭口母音において F1 は音声学的な母音の高さを知覚する要因である
が，母音の正規化に用いられる F1−F0 という尺度を考えると，狭口母音で
F0 が高ければ F1−F0 の値は小さく，広口母音で F0 が低ければ F1−F0 は大
きい値をとる。したがって F0 は母音の高さの知覚を強化する機能があり，母

2.2 声の高さの変化

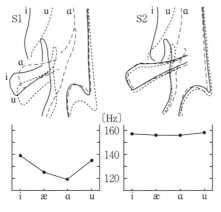 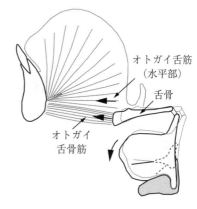

（a）異なる話者による単語発話時の母音調音とF0　　（b）舌筋の収縮による喉頭への影響

図 2.11 狭口母音の調音において声帯張力が増大する機構。Honda (1983)[34]より改変。オトガイ舌筋水平部の収縮により舌骨が前進して輪状甲状関節の回転を促進する。舌骨の前方移動によるF0上昇は舌骨に直接付着するオトガイ舌骨筋の筋活動により推測される。

音識別を強化するために発話者が行う積極的なF0の操作であるという説明が成り立つ[51]。母音の固有基本周波数に関しては以上のような二つの対立する説明があり，それぞれの立場から追加研究が行われている。また，発声発話の生理機構と母音の知覚特性のいずれか一つに因果関係を求める必要はなく，二つの背景要因が同時に存在することにより頑健な母音の性質をもたらすとする考え方[52]も報告されている。

〔2〕**声立て周波数**　単語中の母音開始時の基本周波数（**声立て周波数**：onset F0）は先行子音の種類によって異なることがある。無声子音に後続する母音のF0は，子音の出わたりにおいて高く始まり母音の持続部に向かって急下降するパタンをとる。一方，有声子音に後続する母音ではF0はわずかに上昇する傾向がある。これらの子音の影響は母音持続部におけるF0の差としても認められる[54]。この声立て周波数の差は，**声立て時間**（**VOT**），**F1開始周波数**とともに子音の有声無声を対比する音響特徴として知られている。**図2.12**は，日本語の /asa/ と /aza/ の単語発話において第2母音におけるF0曲線を示したものであり，呼気流と声門開口度の時間パタンとともに示している。声

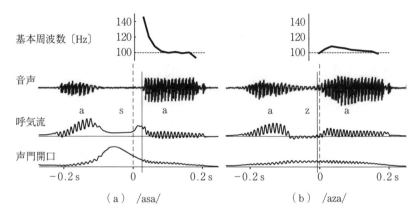

図 2.12 無声子音と有声子音に後続する母音の声立て周波数 (onset F0) の対比。(a)「麻」と (b)「痣」の発話において F0 と音声波形を示し, 呼気流と声門開口度の時間パタンを併記した。onset F0 の計測時点は声立て時間 (VOT) の計測点と同一であることから「声立て周波数」という訳語をあてた。同じ理由で voice onset F0 (VOF) と呼称することが望ましい。

立て周波数に差を生じる生成要因として, 物理的過程により生じるとする受動説と生理的機構をもつとする能動説とがある。受動説では, 声帯粘膜に及ぼす声門気流の空気力学的作用を起因とみなす。無声子音の閉鎖区間において開大した声門が母音の開始に向かって閉鎖しようとするときに, 息の音を生成するための高速の気流が声門を通過する。この気流により, 声帯遊離縁の粘膜が弓状に変形することにより張力が高まり, その結果 F0 は高い値で始まると推論する[55]。しかしこの受動説では, 声門気流の影響は母音開始時の1～2周期に留まるために, 母音の持続部に及ぶ F0 の差を説明することができない。

この受動説に対して, 能動説として生理的機構が関与する事実が音声学研究の副産物として見出されている。無声子音における閉鎖区間に対応して輪状甲状筋の活動が一過性に高まる現象が記録され, その理由として声帯張力の増強により声帯振動を停止させる機構の関与が想定されている[56]。無声子音において声道の狭めが生じて口腔内圧が上昇すると声門上下圧差が低下して声帯振動の停止に向かう。この際に輪状甲状筋の一過性の活動亢進が生じるならば声帯振動は急速に減衰する。増大した声帯張力は母音への出わたりにおいても継

続して，その結果として無声子音に後続する母音の開始時において F0 は高い周波数で始まり，母音の持続部においても高まった F0 はさまざまな程度で維持される。この事実は声帯振動の停止機構の理解においても役立ち，子音閉鎖による声門開大と声門上下圧差減少という物理的条件だけで声帯振動が停止するのではなく，振動し続けようとする声帯に生理的操作を加えて急速な振動停止を実現する能動的機構があることを意味している。

〔3〕 **文末における軋み声**　　発話時の F0 曲線が文末に向かって徐々に下降する現象はイントネーションの一般的傾向であり，背景要因として肺の残気量の低下に伴う呼気圧の低下があげられる。文末の F0 下降は発話の音調の一部であるほかに，発話の末尾を強調するための操作として F0 下降に伴う軋み声が観測されることがある。発話の末尾において声帯振動を停止させる手段には声門の強い閉鎖による方法と声門の開放による方法がありうる。前者の操作では，声帯振動を停止させる際に喉頭の下降に加えて声帯を取り囲む喉頭腔を絞扼させるという**喉頭副次調音**（laryngealization）を加えることにより，声帯の短縮と不安定な声門閉鎖による軋み声を生じることがある。句末の場合にも同様の操作により F0 下降に伴う軋み声を加えることができるが，言語あるいは発話スタイルにより F0 を高くする場合もあり，いずれも F0 の不連続性を生成するための操作とみなすことができる。

軋み声の生成機構については喉頭の微細構造に関わるために裏づけとなる十分な実験的資料が得られていない。**図 2.13** に発話末尾における声の変異に関わると想像される喉頭機構を示す。図（a）は喉頭腔の狭小化による声帯の短縮に関わると考えられる 3 筋（甲状喉頭蓋筋，披裂喉頭蓋筋，および甲状披裂筋の外側部）を示す。甲状披裂筋の収縮により声帯と仮声帯が短縮してその他の 2 筋により喉頭腔の狭小化がもたらされる。図（b）は下咽頭収縮筋の一部をなす輪状咽頭筋による F0 下降機構を示す想像図[40]であり，食道入口部の括約筋である輪状咽頭筋が F0 下降時に活性化する機構として筋の短縮に伴う断面積の増大が考えられている。

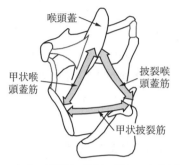 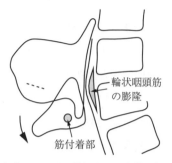

（a）喉頭腔の絞扼に関わる内喉頭筋　　（b）下咽頭の絞扼による声帯の短縮

図2.13 文末における軋み声の生成要因と考えられる喉頭と下咽頭の絞扼機構。（a）喉頭腔の絞扼に関わる可能性のある3筋（甲状喉頭蓋筋，披裂喉頭蓋筋，および甲状披裂筋の外側部），および（b）下咽頭収縮筋の一部をなす輪状咽頭筋による声帯短縮効果。

2.3 ま と め

　第2章では声帯振動と声の高さに関する項目を取りあげた。声帯振動に関する実験研究は長い歴史をもち，18世紀初頭に動物や人体の喉頭を用いて発音させる実験研究に始まる。声帯の振動現象はHelmholtzの膜リード笛によるモデルとして長い間にわたり信じられ，20世紀中頃に筋弾性空気力学理論に発展するが，その後の声帯振動観測法の発達により粘膜粘弾性空気力学理論に修正されて今日に至る。この間の日本人研究者の貢献は著しいが，今世紀になって対象が声帯組織のミクロな研究に向かうとともに国内研究の発信が下火になるにつれて，廃説になったはずの筋弾性空気力学理論の名称が復活するという残念な状況が認められる。

　声の高さの調節機構については著者の興味の対象であったこともあり，生理機構の推測も含めて記載したが，全体像はいまだにみえていないといってよい。発声における喉頭の機能は精密機械というべき複雑な解剖構造に依存している。声の高さという一見して単純にみえる音響指標は，その背景には簡単な

図式では表現できない生理的・物理的機構がある。声帯振動の現象が声門膜様部の粘膜のみに生じて，声帯振動数がその粘膜の張力に依存することが既知のこととして認められているが，その認識は古典的な喉頭鏡に代表される2次元可視化技術の限界を反映しているかもしれない。直接的な解決法としては，高速3次元可視化技術と筋電計測法の併用による系統的な研究が想定され，将来に向けては発声機構の再生技術を考慮した非侵襲技術による解決方法が期待される。音声現象の基本的な解明はそのような高コストの研究対象であることが理解される必要がある。

引用・参考文献

1) Lieberman, P. (1967) Intonation, Perception, and Language, M.I.T. Research Monograph, No. 38.

2) Miller, G. A. (1981) Language and Speech, San Francisco：W. H Freeman and Company, ― G.A. ミラー著，無藤，久慈 訳 (1983)『入門 ことばの科学』誠信書房.

3) 村岡範為馳 (1917)『教員及好楽家参考用実験音響学及理論』積善館.

4) Ewald, J. R. (1898) Die Physiologie des Kehlkopfes u. der Luftröhre, Stimmbildung, In P. Heymann (ed.), Handbuch der Laryngologie und Rhinologie I, (pp. 165–226), Wien：Alfred Hölder.

5) Van den Berg, J. (1958) Myoelastic-aerodynamic theory of voice production, Journal of Speech and Hearing Research, **3**：227–244.

6) Chiba, T., & Kajiyama, M. (1942) Vowel：Its Nature and Structure.―杉藤，本多 訳 (2004)『母音：その性質と構造』岩波書店.

7) 切替一郎 (1943) 喉頭ストロボ活動写真撮影法による発声時に於ける人間声帯の振動並に声門開閉の時間的関係に関する研究，日本耳鼻咽喉科学会会報，**49**：236–263.

8) 広戸幾一郎 (1966) 発声機構の面よりみた喉頭の病態生理，耳鼻臨床，**59**：229–291.

9) 平野，栗田，永田 (1981) 声帯の層構造と振動，音声言語医学，**22**：224–229.

10) Hirano, M. & Kakita, Y. (1985) Cover-body theory of vocal fold vibration, In R. G. Daniloff (ed.) Speech Science：Recent Advances (pp. 1–46), San Diego：College-

62   2. 発 声 の 機 構

Hill Press.

11) Negus, V. (1962) The Comparative Anatomy and Physiology of the Larynx, London : Hafner Publishing Company.

12) Fant G. (1960) Acoustic Theory of Speech Production, Mouton, The Hague.

13) Stevens, K. N. (1961) An acoustic theory of vowel production and some of its implications, J. Speech Hearing Res., **4** : 303-320.

14) Farnsworth, D. W. (1940) High-speed motion pictures of the human vocal cords, Bell Laboratories Record, **18** : 203-208.

15) Flanagan, J. L. (1958) Some properties of the glottal sound source, J. Speech Hearing Res., **1** : 99-105.

16) Miller, R. L. (1959) Nature of the vocal cord wave, J. Acoust. Soc. Am., **31** : 667-677.

17) Rothenberg, M. (1972) A new inverse-filtering technique for deriving the glottal air flow waveform during voicing, J. Acoust. Soc. Am., **53** : 1632-1645.

18) Rothenberg, M. (1983) An interactive model for the voice source, In D.M. Bless & J.H. Abbs (eds), Vocal Fold Physiology : Contemporary Research and Clinical Issues, pp. 155-165, San Diego : College Hill Press.

19) Flanagan, J.L. & Landgraph, L.L. (1968) Self-oscillating source for vocal-tract synthesizers, IEEE Trans. on Audio and Electroacoustics, **16** : 57-64.

20) 石坂, フラナガン (1978) 声帯音源の自励振動モデル, 日本音響学会誌, **34** : 122-131.

21) Ishizaka, K. & Flanagan, J. L. (1972) Synthesis of voiced sounds from a two-mass model of the vocal cords, Bell System Technical Journal, **51** : 1233-1268.

22) Adachi, S. & Yu, J. (2005) Two-dimensional model of vocal fold vibration for sound synthesis of voice and soprano singing, J. Acoust. Soc. Am., **117** : 3213-3224.

23) Luo, H., Mittal R., & Bielamowicz, S. A. (2009) Analysis of flow-structure interaction in the larynx during phonation using an immersed-boundary method, J. Acoust. Soc. Am., **126** : 816-824.

24) Zemlin, W. R. (1981) Speech and Hearing Science : Anatomy and Physiology, Prentice Hall.

25) Sawashima, M., Hirose, H., Honda, K., et al. (1983) Stereoendoscopic measurement of the laryngeal structure, In D. M. Bless & J. H. Abbs (eds.), Vocal Fold Physiology (pp. 264-276), San Diego : Collage Hill Press.

26) 西澤典子 (1989) ステレオ側視鏡による喉頭像の観察：呼吸時および定常発声

時における声帯長の変化，日本耳鼻咽喉科学会会報，**92**：1239-1252.

27) 今川 博，榊原健一，德田 功，大塚満美子，田山二朗（2010）立体内視鏡とハイスピードカメラによる声門面積関数の計測，音声研究，**14**：37-44.

28) Schuberth, S., Hoppe, U., Döllinger, M., Lohscheller, J., & Eycholdt, U.（2002）High-precision measurement of the vocal fold length and vibratory amplitudes, Laryngoscope, **112**：1043-1049.

29) Baer, T.（1979）Reflex activation of laryngeal muscles by sudden induced subglottal pressure changes, J. Acoust. Soc. Am., **65**：1271-1275.

30) 廣瀬 肇（1989）語音の韻律の調節について，喉頭，**1**：105-11.

31) Sonninen, A. A.（1956）The role of the external laryngeal muscles in length adjustment of the vocal cords in singing, Acta Otolaryngol., Suppl., **130**：1-102.

32) Atkinson, J. E.（1978）Correlation analysis of the physiological factors controlling fundamental voice frequency, J. Acoust. Soc. Am., **63**：211-222.

33) Broad, D. J.（1973）Phonation, 127-128, In F. D. Minifie, T. J. Hixon, & F. Williams（eds.）Normal Aspect of Speech, Hearing, and Language（pp. 127-167）, Englewood Cliffs, New Jersey：Prentice-Hall.

34) Honda, K.（1983）Relationship between pitch control and vowel articulation, In D.M. Bless & J.H. Abbs（eds.）Vocal Fold Physiology, Contemporary Research and Clinical Issues, pp. 286-297, San Diego：College Hill Press.

35) 本多清志（2013）磁気共鳴画像法（MRI）による発声機構の研究，昭和音楽大学音声療法研究，**2**：25-32.

36) Hirano, M.（1981）The function of the intrinsic laryngeal muscles in singing, In K. N. Stevens & M. Hirano（eds.）, Vocal Fold Physiology（pp. 155-167）, Tokyo：Univ. Tokyo Press.

37) Ohala, J. & Hirose, H.（1969）The function of the sternohyoid muscle in speech, Annual Bulletin, RILP, Univ. Tokyo, **4**：41-44.

38) 平井啓之，本多清志，藤本一郎，島田育廣（1994）F0調節の生理機構に関する磁気共鳴画像（MRI）の分析，日本音響学会誌，**50**：296-304.

39) Honda, K., Hirai, H., Masaki, S., & Shimada, Y.（1999）Role of vartical larynx movement and cervical lordosis in F0 control, Language and Speech, **42**：401-411.

40) Fujimura, O.（1981）Body-cover theory of the vocal fold and its phonetic implications, In K. N. Stevens & M. Hirano（eds.）, Vocal Fold Physiology（pp. 271-288）, Tokyo：Univ. Tokyo Press.

64　　2. 発 声 の 機 構

41) 藤崎博也, 須藤 寛 (1973) 音声の音調的法則, 比企静雄 編『音声情報処理』(pp. 123-142), 東京大学出版会.

42) Pierrehumbert, J. B. & Beckman, M. E. (1988) Japanese Tone Structure, Cambridge, Mass : MIT Press.

43) Honda, K., & Fujimura, O. (1991) Intrinsic vowel F0 and phrase-final F0 lowering : phonological vs. biological explanations, In J. Gauffin & B. Hammarberg (eds.), Vocal Fold Physiology, San Diego : Singular Publishing Group, 149-157.

44) Strik, H. & Boves, L. (1995) Downtrend in F0 and Psb, Journal of Phonetics, **23** : 203-220.

45) Gelfer, C. E., Harris, K. S., Collier, R., & Baer, T. (1983) Is declination actively controlled?, In I. R. Titze & R. C. Scherer (eds.), Vocal Fold Physiology : Biomechanics, Acoustics and Phonatory Control (pp. 113-126), The Denver Center for the Performing Arts, Inc.

46) 寺川喜四男 (1981)『一般音声学講義』浩文堂.

47) 藤村 靖 (1989) 音声・音韻研究の展望, 『講座日本語と日本語教育, 第2巻, 日本語の音声・音韻 (上)』(pp. 365-389), 明治書院.

48) Beckman, M. E. & Pierrehumbert, J. B. (1987) 東京語の音調構造, 音声言語, **II** : 1-22.

49) Lehiste, I. (1970) Suprasegmentals, Cambridge, Mass : MIT Press.

50) Whalen, D. H. & Levitt, A. G. (1995) The universality of intrinsic F0 of vowels, J. Phonetics, **23** : 349-366.

51) Diehl, R. L., & Kluender, K.R. (1989) On the object of speech perception, Ecological Psychology, **1** : 121-144.

52) Hoole, P. & Honda, K. (2011) Automaticity vs feature-enhancement in the control of segmental F0, In N. Clements & R. Ridouane (eds.), Where Do Features Come From? : Cognitive Speech Categories (pp. 133-171), Amsterdam : John Benjamins.

53) House, A.S., & Fairbanks, G. (1953). The influence of consonant environment upon the secondary acoustical characteristics of vowels, J. Acoust. Soc. Am., **25** : 268-277.

54) Titze, I. R. (1994) Principles of Voice Production, Englewood Cliffs : Prentice-Hall.

55) Löfqvist, A., Baer, T., McGarr, N.S., & Story, R.S. (1989) The cricothyroid muscle in voicing control, J. Acoust. Soc. Am., **85** : 1314-1321.

第3章

調 音 の 機 構

3.1 調音の要素

調音 （articulation）は声から言語音をつくるときの声道の構えあるいは**調音器官**の動作を意味する。**声道**（vocal tract）は文字通り声の通り道であり，下顎，唇，舌，軟口蓋，咽頭腔などの調音器官に囲まれて，それぞれの器官の位置や運動により形が変化する。喉頭も声門運動を介して無声と有声を区別するための調音の働きがある。これらの器官の機能に従い，声道共鳴を変化させて母音や母音型の子音（半母音や鼻音）をつくり，声道や声門を通過する呼気流を遮ることによって阻害性の子音（摩擦音や閉鎖音）を生成する。話し声においては母音と子音の調音を組み合わせて音節や単語がつくられる。このような話し言葉の生成過程を最初に扱った分野は解剖学を背景とした音声学であり，現在では**調音音声学**（articulatory phonetics）と呼ばれる。調音音声学では，調音器官の要素動作に従って，それぞれの母音と子音を分類し記号化する。そのようにして，母音は口の広がりと舌の前後位置を手がかりに分類され，子音は**調音位置**（声道の狭めの場所）と**調音様式**（狭めの手段）により分類される。調音位置については，声道の外壁の位置でおおむね定義される。日本語では閉鎖音や摩擦音，破擦音では調音位置は唇，上歯および歯茎，口蓋，軟口蓋などであり，それぞれの位置に対して唇，舌端，舌体などの可動器官が接近あるいは接触することにより声道からの出力音が変化する。声道の形と音との関係は物理学的過程であり，音響学の発展に伴って詳しく調べられた。調音に関

わる生理学は，研究対象がヒトであるという理由で歴史が最も浅い。**図3.1**に示すように，調音の背景には多くの器官の構造と機能が関与して，人体の中で最も複雑な動作といわれる。それぞれの要素動作は複数の筋の収縮活動により実現される。以下に，器官ごとの形態と機能をまとめておく。

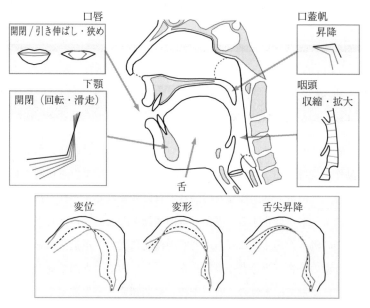

図3.1 調音器官とその要素運動。口唇は上下の開閉とともに開口部を引き伸ばしすぼめる。下顎は回転と滑走により開閉する。舌は舌体の位置と形状を変化させ，舌先を昇降させる。咽頭は声道咽頭部を変形させる。口蓋帆（軟口蓋）は鼻咽腔開口部を開閉させる。

3.1.1 調音器官の構造

〔1〕**下　　顎**　下顎（mandible）は調音器官の中の最大の硬性器官であり，多くの筋に付着部を与えて舌，下唇，および舌骨を支持する。下顎の調音運動には**図3.2**（a）に示す筋がおもに働くとされている。下顎の開口には**顎二腹筋**（dygastric）や**外側翼突筋**（lateral pterygoid）などの顎筋のほかにも舌骨を介して**オトガイ舌骨筋**（geniohyoid）や**胸骨舌骨筋**（sternohyoid）な

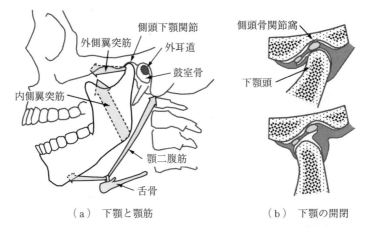

図 3.2 下顎，下顎筋および下顎の開閉動作。(a) 下顎の周囲構造と下顎開閉に関わる代表的な調音筋。図中では外側翼突筋と顎二腹筋が開口筋，内側翼突筋が閉口筋。(b) 下顎の開閉に伴う関節運動。下顎は回転と滑走により，閉口の位置（上）から開口の位置（下）へ移動する。

どが関与する。したがって，発話時の**下顎運動**は舌骨-下顎系の機構により発動され，単なる関節回りの筋トルクでは説明できない。発話における下顎の閉口動作には**内側翼突筋**（median pterygoid）などの小型の顎筋が使われ，食塊を噛み砕くための粗大な咀嚼筋（咬筋と側頭筋）はほとんど作動しない。開口動作には，外側翼突筋と顎二腹筋が働き，周囲組織の弾性復元力も閉口を補助する。下顎は図 (b) に示すように，**側頭下顎関節**において側頭骨と接し，回転と滑走により口を開閉する。

〔2〕舌　舌（tongue）は筋のみからなる運動器官である点で特異であり，丸みを帯びた体部と舌尖を含む舌端部からなる。発話に際しては，舌体部は変形と移動により口腔・咽頭内の可動範囲内で声道形状を変更し，舌端は舌尖の変位させることにより局所的な声道変形をもたらす。このような舌の調音動作は，図 3.3 に示す外舌筋群と内舌筋群により行われる。

外舌筋群は舌の外部から舌内に至る筋の総称であり，オトガイ舌筋，舌骨舌筋，茎突舌筋がある。オトガイ舌筋は下顎骨の内側面にある短い腱から舌の表面に向かって放射状に走行する。この腱の名称は short tendon of the tongue

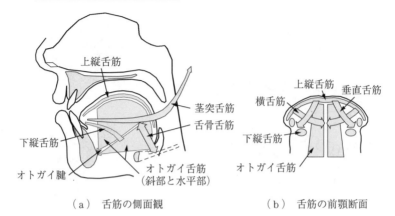

（a） 舌筋の側面観　　　　　（b） 舌筋の前顎断面

図3.3　舌筋の配置と構造。（a）側面から見た舌筋の配置。最大の舌筋であるオトガイ舌筋はオトガイ腱により水平部と斜部に二分される。（b）舌筋の前顎断面においてオトガイ舌筋は横舌筋，垂直舌筋とともに層構造の単位をなす。

であるが，オトガイ舌筋を二分する役割を果たすためにここでは**オトガイ腱**と名づける。**オトガイ舌筋**は解剖学的には単一の筋であるが部位により収縮効果が異なる。機能的には前部，中央部，後部に分かれるとされてきたが，解剖学的には筋束のオトガイ腱付着部の位置に従って水平部と斜部とに分かれている。**舌骨舌筋**（hyoglossus）は舌骨から舌側面に沿って上行し，**茎突舌筋**（styloglossus）は頭蓋底の茎状突起より前下方に斜走し舌内で舌骨舌筋と交わる。

　内舌筋群は舌内に起始と終止をもつ筋の総称であり，**上縦舌筋**（superior longitudinal），**下縦舌筋**（inferior longitudinal），**横舌筋**（transverse），**垂直舌筋**（vertical）が含まれる。また，口腔底において舌底部を支持する筋としてオトガイ舌骨筋と顎舌骨筋がある。

　〔3〕**口唇，軟口蓋，咽頭**　　**口唇**（lips）は数多くの顔面筋からなる器官であり，図3.4に代表的な筋を示す。**口輪筋**（orbicularis oris）は唇を円周状に囲み，赤唇部（vermilion）に近い内周部は唇をすぼめ，外周部は唇の突出しに寄与する。**オトガイ筋**（mentalis）は下顎骨を支点としてオトガイ部の組織を引き上げて下唇を挙上させる。**上唇挙筋**（levator labii inf.）は上唇を引き上げ，**下唇下制筋**（depressor labii inf.）は下唇を下降させる。

3.1 調音の要素   69

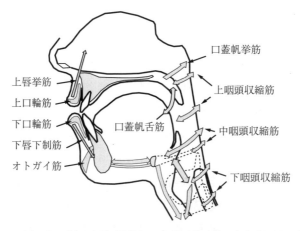

図 3.4 口唇，軟口蓋，咽頭の諸筋。口輪筋は単一筋でありながら口唇の狭小，閉鎖，突出しなどの立体変形に寄与する。軟口蓋は口蓋帆挙筋と口蓋帆舌筋の拮抗により昇降する。咽頭収縮筋は咽頭絞扼動作を介して声道変形に貢献するほかに発声発話器官にも力の作用を及ぼす。

軟口蓋（velum）は硬口蓋の後方にあって**鼻咽腔開口部**（velopharyngeal port）の開閉を制御する器官であり，口音において挙上し鼻音において下降する。**口蓋挙筋**（levator palatini）は軟口蓋を引き上げ，**上咽頭収縮筋**（superior pharyngeal constrictor）は上咽頭側壁を内方移動させて，ともに鼻咽腔開口部を閉鎖する。**口蓋舌筋**（palatoglossus）は口蓋挙筋に拮抗して軟口蓋の下降を補助する。

3.1.2 調音器官の特性

調音運動には声道の形状を大きく決定する主要な動作だけではなく，そのような主動作に伴って生じる調節的な動作があり，前者を主要調音，後者を副次調音と呼ぶことがある。個々の音素の調音に関与する複数器官の働きは調音音声学において繰り返し説明されている。しかし，複数器官の関与の程度は前後の音素環境に左右されるほかに個人ごとの器官形態の相違とも無関係とは思われない。したがって，複数の話者から得られた調音実験データを比較して運動特徴を理解する際には，比較の基準と個人差の要因を考慮しなければならな

70   3. 調音の機構

い。また，言語集団にみられる器官形態の変異が言語体系の相違に関わっているか否かは，誰もが一度は興味をもつ対象ではないだろうか。さらに，発話の過程に各器官形状の相対的な関係がどのように反映するか否かも考察すべき問題と思われる。以下に，硬性器官と軟性器官の特徴と個人差が調音に及ぼす効果などについて著者の推論も含めて記載する。

〔1〕 **下顎の運動特性**   下顎は舌と下口唇の運動を支える構造であり，下顎の運動特性は発話の特徴として現れる。下顎構造の物理的な大きさは発話運動に平滑化をもたらして，**目標未到達**（target undershoot）と呼ばれる調音目標を下回る現象を介して**調音結合**（coarticulation）を特徴とする音声の性質に寄与している[1]。また，下顎開閉の繰り返し動作の特性は発話における**音節速度**（syllable rate）にも反映することが推測される。もしも下顎の開閉運動が振り子動作のようであったならば，下顎の機構は一定の共振特性をもち，共振周波数は音節速度を決めることになる。

Nelson らは歪みゲージを用いて開閉速度を変えながら下顎運動を記録し，音節 /sa/ の繰り返し運動と発話のない単純開閉運動（wagging）を比較した[2]。その結果，/sa/ の繰り返しでは下顎運動の最大振幅はおよそ 4 Hz の周波数にみられ，英語における平均的な音節速度に一致するとした。しかし wagging の場合では様相が異なり，より低い 2 ～ 3 Hz の周波数で最大振幅が記録された。この結果から，発話には**運動節約**（economy）を規範とする運動制御の特性が反映されると考えた。下顎運動の計測は技術的には容易であり，このほかにも発話運動の特徴は数多く調べられている。口唇閉鎖の目標に対して口唇と下顎の動作が相補的であって，口唇の挙上によっても下顎の閉口によっても目標に到達できるという**運動等価性**（motor equivalence）の性質が知られており[3]，調音の文脈に応じてそれぞれの運動要素を選択できることを意味している。

発話における下顎の補助的な役割は調音と韻律の相互作用にも関わる可能性があって，下顎の回転と滑走はそれぞれ喉頭への異なる力の作用を及ぼしうる。Erickson らは，英語発話において**句強調**（emphasis）が置かれたときの

下顎運動を分析して，F0 上昇時に下顎が前進する傾向を認めて，その理由を推測した。**図 3.5** は，F0 上昇と下顎前進との因果関係を推定した機構を示している[4]。舌骨-下顎系は喉頭と連鎖しているために，下顎の動作は喉頭へ力の作用を及ぼしうる。下顎が回転のみより開口する場合には，連鎖を介して声帯を短縮させて F0 下降をもたらす可能性がある。句強調において下顎開口と F0 上昇をともに実現する場合，下顎の前進を加えることにより F0 下降効果を相殺することができる。このようにして，下顎は単なる運動等価性の基盤としてではなく，発話の規則に従い調音と韻律を独立して同時進行させるための調節装置としても使われていると考えられる。

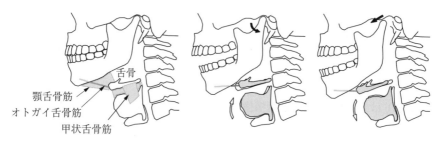

図 3.5　下顎の補助動作による調音と韻律の調整。(a) 舌骨下顎系と喉頭。下顎は舌骨を介して喉頭に力の作用を及ぼす。(b) 下顎回転の喉頭への効果。回転のみの下顎開口は F0 下降作用を及ぼす。(c) 滑走による下顎前進と喉頭への効果。下顎の回転と前方滑走により F0 上昇を保証する。

〔2〕**舌の変形**　舌は咀嚼に際して口腔内の食塊を左右の歯列間隙に運ぶなどの巧妙な動きを実現し，発生学的な近縁関係も含めて「**口の中の手**」と呼ばれることがある[5]。事実，動物の舌においては運動の到達目標が口の外であることが稀ではなく，3次元空間運動を実現する**筋静水圧装置**（muscular hydrostat）の一例と考えられている[6]。舌の機能は複雑な舌筋の構成に依存するため，その構造は詳細に調べられている。Takemoto はオトガイ舌筋，横舌筋，垂直舌筋が一組となってシート状の単位が層状に繰り返される中心部とそれを取り囲む縦舌筋，茎突舌筋，舌骨舌筋からなる周辺部が組み合わさって筋

72   3. 調音の機構

静水圧装置としての舌をなしていることを調べている[7]。

　舌の形は丸い**舌体部**（tongue body）と前方の**舌端部**（tongue blade）に分けられる。日本人のように歯槽の前突傾向がある場合に舌端部は長く見え，後舌母音で舌体部との接合部に**舌窩**（lingual fossa）と呼ばれる境界部がみられることがある。舌体は，舌中心部の移動，舌背の変形，および下顎の開閉などの組合せにより母音調音の主要器官となる。**舌尖型**（apical）の子音では舌体を後退させることにより舌尖を歯茎部に接近させるが，**舌端型**（laminal）の子音ではそのような舌体の後退を要しない。舌端は，舌尖を舌体に対して上下に回旋させる動作により歯茎音の舌尖型と舌端型の調音を区別する。また，/n/音や英語の /l/ 音の調音の主体となるほか，英語の /r/ 音や中国語の**そり舌音**（retroflex）では多様な変形がみられる。英語の /r/ 音は調音変異に富み，舌端の調音に加えて舌体を後退させて咽頭腔にも狭めをつくるような副次調音が多くの場合に生じる[8]。

　図3.6は，**実時間MRI動画撮像法**により記録した中国語話者の連続発話の資料から1名の女性話者にみられたそり舌音および**そり舌母音**の例を抜き出して示してある。この話者のそり舌は特徴的であり，図（a）のそり舌音 'ri' においては音節末に至るまで舌尖型の調音を継続し，図（b）のそり舌母音 'er' では後半部において典型的な舌尖の巻上げがみられる。

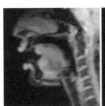 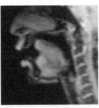 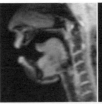 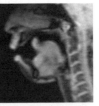

　　（a）'ri' の前半（左）と後半（右）　　　（b）'er' の前半（左）と後半（右）

図3.6　実時間MRI動画撮像法により観測した中国語のそり舌の調音。緩やかな話速で文を暗唱し10フレーム/秒で動画記録したもの。話者は北京から遠くない河北省石家荘市出身。（a）そり舌音 'ri' における /r/ 音の継続。舌尖は口蓋に接近した状態を維持して後退し続ける。（b）そり舌母音 'er' における舌尖の巻上げ。舌端基部の杓子状の窪み（lingual fossa）を極端化した状態で舌尖を直立させる調音動作であろうと想像される。

舌変形の様相は映像資料に基づいて分析されてきている。Maeda は発話時の **X 線映画撮影** のトレース資料から舌の 2 次元変形要素を統計手法により分析して **調音モデル** を作成した[9]。初めに声道中心線に沿う声道幅を求めて下顎運動の影響を取り除くと舌表面の変化を表す曲線が得られる。この曲線の時系列データに統計処理を行うと，なだらかな曲線成分と波打つ曲線成分に分けることができる。このような **因子分析法** により，舌表面の形状変化に及ぼす第 1 成分が舌体の移動（前上から後下へ）に対応し，第 2 成分が舌体のわん曲度変化に対応することが調べられ，第 3 成分としてほぼ舌端の変形であることが推定された。後続研究では映像資料そのものに **主成分分析法** を適用する方法が用いられている。

図 3.7 に，Maeda の調音モデルにおける舌変形の 3 主要成分と舌筋の収縮効果との対比を示す。図（a）は四つの外舌筋が 2 対の拮抗筋対モデルにおける舌体の移動（positioning）と変形（shaping）にほぼ対応することを示し，図（b）では舌尖の挙上がオトガイ舌筋斜部（GGo）の前端と上縦舌筋（SL）の同時収縮により生じることを示している。

口唇も筋性運動器官として多様な変形が可能であり，閉鎖と開放，すぼめと引き伸ばし，突出しの運動要素により子音と母音において主要調音と副次調音

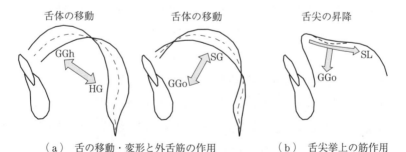

（a）舌の移動・変形と外舌筋の作用　　（b）舌尖挙上の筋作用

図 3.7 Maeda の調音モデルにおける舌調音の主成分と舌筋の作用。（a）舌体の移動（positioning）と変形（shaping）の主成分および外舌筋 4 筋からなる二つの拮抗筋対との対応関係[10]。（b）第 3 主成分である舌尖の挙上と舌筋の作用。GGh と GGo はそれぞれオトガイ舌筋の水平部と斜部。HG と SG はそれぞれ舌骨舌筋と茎突舌筋。

74   3. 調 音 の 機 構

に参加する。口唇の変形のうち**口唇の突出し**（lip protrusion）は以下の二つの点で特異にみえる。

第1は，唇の突出しは舌の後退と相関する傾向があり，**IPA母音チャート**にみられるように**円唇母音**と**非円唇母音**において舌位置が前後に移動するという対比をつくる。音響的には唇の突出しは声道の延長を介して**第1フォルマント**（F1）を下げる効果がある。英語の /u/ では，舌の後退とともに喉頭の下降と唇の突出しが生じて声道を長くする。一方，日本語の /u/ では唇の突出しと舌の後退が著しくなく，母音 /o/ において顕著となってフォルマントの調整に大きく関わる。唇と舌との自動的にみえる同期的活動は哺乳動作におけるような反射的な吸引機構に関係するのではないかと想像される。

第2には，口唇の変形のうち開口・閉鎖やすぼめ・引き伸ばしの機構は**口唇周囲筋**の走行より十分に推定できるのに対して，口唇の突出しをもたらす機構は容易には説明がつかないという問題が残っている。口唇の突出し動作は口唇の厚みを増すだけではなく口唇内面が歯列から離れて前進しつつ口唇粘膜が翻転するような変形であり，**筋電計測**では突出しのある母音において**口輪筋周辺部**（OOp）の筋活動が高まることが記録されているが，この筋の機能の解釈が問題となっていた[11]。

図3.8は，口唇周囲筋の筋電計測実験と MRI による口輪筋の可視化に基づいて，一つの仮説を立てたうえで**有限要素法**シミュレーションにより妥当性を検証した例を示している[12]。図（a）の MRI トレース図をみると，下口唇の口輪筋周辺部（OOIp）は口唇軟組織の歯列側に偏位している。そのために，図（b）に示すように，口角部分が歯列面に接したまま OOIp が収縮すれば，口唇組織の歯列側がより強く短縮し，その結果，口唇組織の前わんが強まって歯列から離れて前進する機構が成り立つ。実際にはこの機構にオトガイ筋による下口唇組織の挙上が加わって翻転するような変形が生じると考えられる。

軟口蓋はその挙上筋と下制筋とが対になって上下動をもたらし鼻咽腔開口部の開閉を介して鼻音や鼻母音の生成に関わる。**図3.9**に安静時と母音 /i/ における軟口蓋の位置を示す。軟口蓋の上下動は**口蓋帆挙筋**の収縮と弛緩により生

3.1 調音の要素

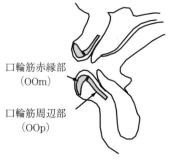
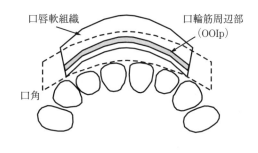

(a) 口輪筋の正中矢状断面　　(b) 下口唇水平断面における OOIp の効果

図 3.8 口唇の突出しの機構。(a) 唇の突出しを誇張して発音した母音 /u/ の口唇断面における口輪筋のトレース図。MRI 正中矢状断面における口輪筋の赤縁部 (marginal part) と周辺部 (peripheral part) の配置を示す。(b) 下口唇周辺部 (OOIp) による下口唇の突出し機構。OOIp の収縮により口唇組織の中央部が前進する。破線は突出しのない状態の形状を示す。

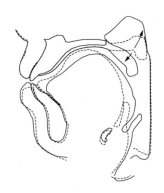

図 3.9 軟口蓋の調音。安静時（実線）と母音 /i/（破線）における MRI 正中矢状面のトレース図。軟口蓋の高さは /i/ で最も高く，/a/ ではやや低くなり鼻咽腔開口部の閉鎖が不完全になることが多い。

じる緩やかな動作であるために予測的な調音結合の現象が強く現れやすいとされている[13]。しかし，**ファイバースコープ**による上下動の観測に筋電計測を加えた実験では，口蓋帆挙筋と口蓋帆舌筋との拮抗的な活動により生じることが調べられている[14]。母音 /a/ では軟口蓋が下がり鼻咽腔開口部がわずかに開く傾向がある。この母音における鼻腔結合はスペクトルに反共鳴の谷をもたらして，第 1 フォルマント (F1) のピークより低い周波数に声道分岐による極零対を生じつつ F1 を高い周波数に押し上げる。さらに，軟口蓋が咽頭方向に下降することにより声道形状に変更を加えて母音 /a/ の調音を完成させる。

76 3. 調 音 の 機 構

広口母音では口腔が広いために鼻咽腔開口部のわずかな開きは母音の音価に影響しないという従来の説明はおそらく正確ではない。MRI データに基づいて作成した /a/ の**声道模型**において鼻咽腔開口部を閉鎖した母音を合成すると自然な母音の聴感が得られず，鼻咽腔閉鎖部に小孔を開けることにより F1 を上昇させる必要がある。また，狭口母音や有声閉鎖音においては咽頭腔内の音圧変動が軟口蓋組織を介して鼻腔に伝わり鼻腔放射音の生成に関わることも知られている[15]。この**経軟口蓋鼻腔結合**（transvelar nasal coupling）は有声閉鎖音と狭口母音において音響勢力を高める効果をもっている。

声門は器官そのものではなく喉頭に生じる気道の空隙の名称であるが，声門の開閉機構は子音の有声無声の区別に関わるために調音器官に数えることができる。/h/ 音において**声門気流雑音**を生成するほかに，無声子音や無声化母音において声門の状態をさまざまに変化させる。声門の状態は，母音のスペクトル傾斜および無声子音の気息度と緊張度（tenseness）を調節するほかに，狭口母音の F1 に影響を与えることが知られている[16]。

以上のような**主要調音**と**副次調音**の観測は音声学における従来の記載とおおむね一致するが，複雑な筋構造と機能，調音と声道形状との関係，声道分岐管の音響効果などの詳細については再考する必要性が残っている。調音位置と調音様式により調音動作の実現目標を指定するだけでは不十分であり，声道の全体形状の形成だけでなく発話過程の微小変異による音響効果も調音の目標に含まれているという意味では細部についての見直しが求められる。

3.2 調音と音響との関係

調音と音響との関係は発話の過程を調べるうえで重要な課題として繰り返し調べられてきた[17],[18]。また，言語のメッセージがどのようにして音声信号として出力され受容されるかという問題に目を向けた議論も行われてきている。音声の内部表象というべき符号的情報をもとにした音声生成過程を考える場合においても，物理法則のような単一の理解はなくさまざまなモデルが併存して

いる。例えば，Stevens は弁別素性の対比と声道内の物理現象との関係を重視し[19]，藤村は音節および韻律の構成要素と調音運動の実現過程との関係を強調する[20]。音響出力過程の扱いには変遷があり，従来の単純化された**声道音響モデル**における音響変換過程と現実に近い声道における音響現象のシミュレーションとの間には大きな乖離が認められるに至って，声道の微細構造の音響効果について再び実験研究に注目が集まっている。

3.2.1 調音と音響の対応関係

発話動作の目標を簡単化するならば，言語ごとの音韻符号の列を声道の変形により音に変換することであり，聴取者がその音から音韻符号を再構築することを前提とした信号生成の動作である。このときの音声生成の場として使われる装置が声道を構成する種々の器官であり，音声の特徴はそのまま声道の特徴が反映される。ヒトの声道は，固定壁が屈曲している点において動物と対比して特異であり，図 3.10 に示すように，母音 /a/ と /i/ の対比は舌の単純な移動による口腔部と咽頭部の容積比の変化に起因する F1 と F2 の対比として実現される。

子音においては調音と音響との対応関係が必ずしも自明とはいえないが，注意深く観察するならばある程度の対応関係がみえてくる。比較的定常なスペク

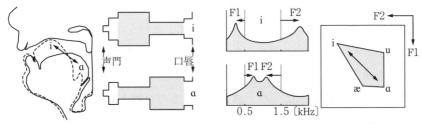

（a） 英語母音の調音と声道の 2 管モデル　　（b） フォルマントパタンと母音空間

図 3.10　母音における調音と音響との関係。（a）声道内で舌が /a/ と /i/ の調音位置をとるとき口腔と咽頭腔の断面積が相反的に変化する。（b）母音フォルマント（F1 と F2）は同様に相反的なピーク周波数を示すため，音声学的 F1-F2 図（第 3 象限表現）上で舌の調音位置を推定できる。

78   3. 調 音 の 機 構

トルを特徴とする摩擦子音では狭めの位置から下流にある声道形状が共鳴特徴を形成し，動的な調音を特徴とする破裂子音ではスペクトル変化に声道変形の様相が反映される。そのような生成過程の特徴を手がかりにすれば，音響音声学と調音音声学の知識に基づいて，音声を分析し自動認識することができると考えられたことがあった。さらに，これらの手続きに従って認識と合成の両面を一体とした技術が実現されたならば，外国語音声の理解や翻訳においても，言語の理解と生成の障害の分析においても，あるいは脳における言語機能の解明においても役立つはずであった。現時点で以上のようなかつての期待を実現できていない理由はいくつかあげられるだろう。一つだけ取りあげるならば，声道という音声生成の場についての理解の不十分さの問題があげられる。初期の研究においては，声道の形状を過度に単純化したために，音声生成モデルとしては音響学的にも生理学的にも不完全であった。この点が最初のつまずきになったのではないかと推測され，その背景に声道の観測が難しいという技術的な壁があったためであろうと思われる。

3.2.2　調音と音響の非線形的関係

図 3.10 は発話に含まれる母音を切り出したときの調音と音響との間のいわば静的な対応関係を模式的に示したものであるが，実際の発話において連続的に調音状態が変化する場合には音響との対応関係は複雑化して非線形というべき現象が現れる。**図 3.11**（a）は「アイオイ」という母音連鎖を単語として発話したときのスペクトログラムを示しており，従来の声道音響モデルでは注目されなかった 2，3 の現象がみえてくる。最も目新しい現象としては，フォルマント曲線を横切るような，細く白い 1 本の曲線を追跡できることであり，/a/ から /i/ にかけて急峻に下降して，/o/ の周辺でおよそ 1 〜 4 kHz の範囲で往復移動する。その過程で，この曲線が第 2，第 3 フォルマントを横切ることによりフォルマント曲線に不連続点をもたらしている。また，3.5 kHz 付近にみられる平坦なフォルマントの帯は，従来の声道音響モデルから推定される第 4 フォルマントとしては定常的でありすぎる点で奇異であり，単純な音

3.2 調音と音響との関係   79

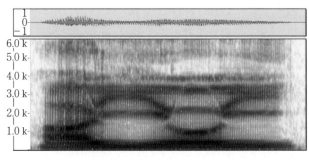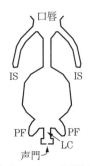

　　　（a）単語「アイオイ」のスペクトログラム　　　（b）二組の分岐管対

図 3.11 母音連鎖「アイオイ」におけるスペクトログラムと声道の分岐管。(a) 移動する低エネルギー曲線と高い周波数で振幅変動する低エネルギー領域。(b) 母音 /i/ の模式的声道形状と二組の分岐管対：歯列間隙（interdental space：IS）と梨状窩（piriform fossa：PF）。LC は喉頭腔。

響管では想定できない現象が起きていることを意味している。さらに，母音 /o/ において 4〜5 kHz の高い周波数で幅の広い低振幅の領域が出現するとともに，第 4 フォルマントの上にある第 5 フォルマント領域のスペクトルパタンが変動している。これは母音スペクトルに大きな谷を生じる反共鳴が存在して，母音ごとに反共鳴の谷の深さが変動することを示唆している。

　以上の観測結果は発話条件に依存して変異するほかに，個人差もあって普遍的な現象とは限らないが，声道内に興味深い音響現象が出現していることがうかがえる。図 (b) は以上の現象に関わると考えられる声道内の左右一対の分岐管を示したものであり，母音 /i/ の声道形状における分岐状態を模擬している。

　第 1 の現象として示した幅の狭い低エネルギーの曲線は，声道内に調音に対応して変化する**分岐管**があってその反共鳴周波数が連続的に変化することを示唆している。原因となる構造は上下の歯列に挟まれた**歯列間隙**と呼ばれる空間であり，その音響学的役割が母音ごとに変化するという性質をもっている。歯列間隙は，前舌母音では舌が歯列口腔面と接触して管壁となることにより長い分岐管をつくる。一方，後舌母音では舌が後退して分岐管が短縮し，下顎が大きく開けば歯列間隙は口腔の一部となって分岐管が消滅する。上述の図 (a)

80　　3. 調 音 の 機 構

では，反共鳴は「ア」の末尾で約3kHzに現れて急峻に低下し，「イ」の区間
で1.4kHz前後に留まり，「オ」で再び上昇して3.6kHz近くで折り返す。そ
の間に反共鳴周波数は母音フォルマントを横切り，第2フォルマントの遷移部
に明らかな不連続性をもたらすほか，第3フォルマントにも極零対を伴った不
連続箇所を生じる。このような歯列間隙のフォルマント遷移部に及ぼす影響は
歯列間隙効果（interdental space effect）として報告されている[21]。歯列間隙
の長さは舌の前後位置に依存するために反共鳴周波数が連続的に変化する一
方，第2フォルマントの遷移曲線は歯列間隙効果により高い周波数と低い周波
数に二分され，前舌母音と後舌母音の音響的対比を強調する効果をもってい
る。この現象は後述する**声門下腔結合効果**と現象面で類似している。

　第2の現象として挙げた第4フォルマントの安定性については，母音発話に
おける下咽頭腔の形態的な安定性に由来しており，母音スペクトルの**個人性特
徴**の1要因とみなされている[22]。母音において観測されるフォルマントは声
道由来のフォルマントのほかに，かつて「**喉頭共鳴**」と呼ばれた喉頭腔由来の
フォルマントがある[17),23)]。喉頭腔の共鳴は声門閉鎖時に強く現れ，声門が開
放すると急速に減衰する。このような変化は，強く発音された母音 /i/ の波形
において，1周期の中に局所的に現れる高周波成分として確認できる[24]。ま
た，**喉頭腔共鳴**は共鳴の節の位置が声道固有の共鳴の場合と異なり，喉頭腔共
鳴では声門に節があるのに対し，母音フォルマントでは喉頭腔の出力端に節が
ある[25]。喉頭腔共鳴は，少なくとも男声において声道共鳴腔の中にもう一つ
の独立した共鳴腔があるかのような現象をもたらして，**追加フォルマント**と呼
ぶべき共鳴ピークを生じる。

　第3に指摘した高い周波数における低エネルギー領域は声道内の分岐管であ
る左右の**梨状窩**によってもたらされる声道分岐管効果であり，男性話者で4〜
5kHzの周波数範囲にスペクトルの谷を生じる[26),27)]。図3.11では「オ」にお
いて梨状窩による反共鳴が顕著になっているようにみえるが，後舌母音ではむ
しろ咽頭腔とともに梨状窩も縮小する傾向があるので別の理由によるのではな
いかと想像される。その理由はおそらく「オ」にはなく，前後の「イ」におけ

る反共鳴の減弱にあると考えられる。「イ」の声道全体形状は**Helmholtz共鳴器**に類似しており，第1フォルマントは声道のHelmholtz共鳴に由来する。Helmholtz共鳴器の空洞部では共鳴に際して内部の空気塊が圧縮と膨張を繰り返すのみで管内音波伝搬は生じない。もしそうであれば，梨状窩内の空気塊も空洞部の共鳴に取り込まれて反共鳴が減弱する可能性がある。以上の梨状窩の効果についての推測は，狭口母音で梨状窩の反共鳴が不明瞭化する現象から得られた一つの推論であり，さらに複雑な音響現象が声道閉鎖端において生じている可能性も否定できない。

3.2.3 調音の安定性と不安定性

音声の最小単位を音素とみなし連続音声はそれぞれの音素が数珠のように1列につながった事象とみなす考え方はアルファベットを用いる言語圏で古くからあり現在にも引き継がれている。オーストリアの機械製作者であるvon Kempelenがつくった**機械式音声合成装置**の1号機は，そのような考え方に基づいている。装置は**図3.12**に示すように子音と母音の管を並べて鍵盤の操作によって順番に空気を送り込むオルガンに似た一種の楽器であったが，発話器

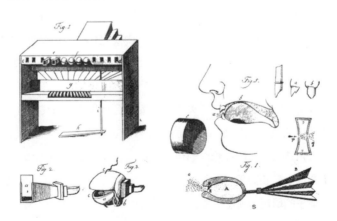

図3.12 von Kempelenによる鍵盤式の発話楽器。有名なSpeaking Machineに先立つ失敗作というべき1号機であり，ガジェットと呼ばれる発音と共鳴のユニットを空力的に作動させた[28]。

82　3. 調 音 の 機 構

械としての期待される結果は得られなかった。そこで，声道部分を皮革素材と
して手の操作より変形して合成する方式の2号機 Speaking Machine を作成し
た。この新しい装置は成功をおさめて，歴史に残る機械式音声合成装置として
今日に広く伝わっている [28),29)]。ベル電話研究所で開発された電子式の音声合
成器 Voder も von Kempelen の1号機と同様に鍵盤とペダルの操作で子音と母
音を連結して連続音声を合成する装置であったが，熟練したオペレータによっ
てもその合成音声はひどく聞き取りにくいものであったことが知られてい
る [30)]。問題の理由はもちろん調音結合と呼ばれる自然な音声の本質的な特徴
を再現する機構が欠けていたためであり，開発時期がサウンドスペクトログラ
フの音声研究への応用に先行していたためでもある。

〔1〕 **調音の安定性**　　母音調音については**調音の安定化**を示唆するいくつ
かの興味深い現象が報告されている。母音 /i/ では前節で触れたように声道の
口腔部を細い導管とすることによって声道を Helmholtz 共鳴器の形につくり第
1フォルマント（F1）の低い共鳴周波数を実現する。このときに舌の口腔面は
正中線に沿って窪み（正中溝）をつくり，その両側は口蓋に広く接触する。し
たがって，母音 /i/ の調音は舌が口蓋に接触することにより物理的に支えられ
るために調音の安定化が計られ，運動観測データにおいても /i/ の調音は他の
母音より位置のばらつきが小さい。母音 /i/ の安定化については，**図 3.13** に
示す舌の3次元有限要素法モデルを用いたシミュレーションが知られてい
る [31)]。

母音 /i/ の調音では舌内の筋そのものに安定化機構があって，/i/ の調音に
関わるオトガイ舌筋の水平部（GGp）と斜部（GGm と GGa）との収縮が同時
に増強しても声道内の口腔導管の形が保たれ，その結果フォルマント変動が抑
制されて音響的な**飽和効果**（saturation effect）がもたらされる。母音 /i/ は音
響的にみて**量子的母音**の典型例であるが，このシミュレーション結果から生理
的な量子的機構も見出すことができる。

母音 /u/ の調音では唇と口腔の2か所に狭めをもつ二重 Helmholtz 共鳴器型
の声道形状をとるために，唇と舌がともに1次的に調音に関わる。英語の /u/

3.2 調音と音響との関係　　83

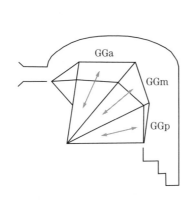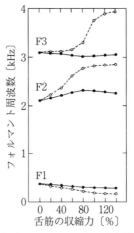

　　（a）舌の3次元モデル　　　　（b）フォルマントの安定化

図3.13 オトガイ舌筋筋束（GGaとGGp）の同時収縮によるフォルマントの安定化[31]。（a）有限要素法による舌の3次元モデルと英語母音発話時の舌筋からの筋電計測データをもとにしたフォルマント生成のシミュレーション。（b）GGp単独で舌モデルを変形させるとF1とF2が過度に乖離するのに対し，GGpとGGaの同時収縮ではフォルマント周波数が安定する。なお，GGpはオトガイ舌筋水平部に，GGmとGGaはオトガイ舌筋斜部に対応する。

では唇の突出しと舌の後退に喉頭の下げを加えて第1および第2フォルマント周波数（F1とF2）をともに下降させる。磁気センサシステムを用いて英語母音 /u/ の安定化機構を見出すことを試みる実験が行われた[32]。その結果，唇の突出しと舌の後退との間に運動等価性とみなしうる相補的な関係を示すデータが確認されている。この実験例では均一な発話条件のもとに唇の突出しと舌の前方移動との間の等価性を示したものであるが，より自然に近い発話において /u/ の調音の強調と弱化がともに生じる場合には，おそらく上記のような結果にはならず，唇と突出しと舌の後退とが同時に強化されることが十分にありうる。東京方言の「ウ」では，唇の突出しと舌の後退の同時動作は持続母音の調音や「ス」の音でありえても，話し言葉の実現において唇は突き出すことなく舌は後退しない。むしろ，母音「オ」で唇の突出しと舌の後退という同時調音が生じて，このときに唇は広口の突出し形状をとる。

84   3. 調 音 の 機 構

母音 /a/ の調音は咽頭部の狭めと口腔の拡大が特徴であり /i/ の場合とは前後腔が逆の声道形状に近い。しかし咽頭部の声道は狭く長い導管をつくることがないため，正確には咽頭腔（声道後腔）に頸部と球部をもつ Helmholtz 共鳴器にゴブレット状の口腔部（声道前腔）が縦続接続された声道形状をとるとみなすことができる。したがって，近似的には /a/ の F1 と F2 はそれぞれ口腔部の閉管共鳴と咽頭部の Helmholtz 共鳴により近似できる。母音 /a/ はスペクトル上で F1 と F2 が近いため音響変動幅に制限があり，もう一つの典型的な量子的母音とみなすことができる。母音 /a/ の調音に /i/ におけるような生理的な安定化機構がありうるか否かは確認されていないが，例えば口蓋扁桃による機械的な反発あるいは茎突舌筋の咽頭側壁の拡大効果などを考慮すれば，舌の後退に際して咽頭腔の過度の狭小化を制限する要素を想定するこができる。

〔2〕　**調音の不安定性**　　調音結合は，話し言葉において隣り合う音素ないし音節に対応する調音運動が時間的に重なり合う現象をいう。音声波形の変化は基本的には音素の列に対応するという理解が妥当である一方，スペクトログラムあるいは調音運動曲線の上で音素境界を決めることは難しい。離散性・不変性をもつ単位として音素を認めるならば，音声信号における時間的・空間的な変異の事実をみるとあまりにも落差が大きい。このため，調音結合は音声研究上の大きな問題の一つとして取りあげられてきた。Öhman は，スペクトログラムを用いて母音–子音–母音（VCV）形式の語を分析して，先行母音においても後続母音においても子音の影響が認められ，母音から母音への連続的な移行の過程に子音の調音動作が外乱として加わるという VCV 型の調音結合の様相を報告した[33]。その後現在に至るまで調音結合に関する多くの研究が継続されている[34],[35]。

調音結合には先行音の影響による場合と後続音の影響による場合があり，前者を **carry over 型**，後者を **look ahead 型**と呼ぶ。carry over 型の例としては /n/ の調音位置にみられる先行母音の影響があげられ，/a/ が先行する場合と /i/ が先行する場合では口腔の閉鎖位置が異なる。look ahead 型の例は /k/ の調音位置にみられる後続母音の影響であり，/a/ が後続する場合では /k/ の

口腔閉鎖位置が軟口蓋であるのに対し，/i/ が後続する場合には閉鎖位置は硬口蓋に移動する。また，母音は自然な発話において前後の子音の影響を受けて目標とする母音フォルマントに到達しない undershoot 型の変異を示す。

　両者の相違を説明するために，carry over 型の調音結合を調音器官の機械的特性と運動慣性による平滑化とみなし，look ahead 型の調音結合を中枢プログラムによる予測運動として類型化されることがある。しかし，調音器官の慣性運動という物理特徴は調音学習の過程で中枢プログラムに取り込まれているという考え方が自然であり，carry over 型であっても look ahead 型であっても，すべての時間パタンの特徴が予測しうる知識として音韻制御に組み込まれていることが想像される。

3.2.4　量子的性質と知覚対比の強化

　調音動作に伴う声道の音響的特性の一つとして**量子的性質**（quantal nature）が知られている。Stevens は，声道音響管における狭めの位置とフォルマント周波数の安定度との関係を計算した結果をもとにして，弁別素性の表出に利用されやすい量子的な音響領域があるという理論を提案した[36]。この「強い」量子的理論では，基本母音のフォルマントはそれぞれ音響的に安定な領域に位置すると解釈され，多くの言語で基本母音が共通する理由の一つと考えた。この理論には反証があり，英語の基本 3 母音 /i, a, u/ において各フォルマント周波数の分散が選択的に小さいという実験結果は得られなかった[37]。後続研究において Stevens は，調音運動と音響変化との非線形性に焦点をあてた「弱い」量子的理論を提案した[38]。声道の変形は調音器官の動作に従い緩やかに移行するが，そのときの音響パラメータの変化は**図 3.14**（ a ）に示すように跳躍的であるという。例えば，母音が /i/ から /a/ に移行する際に，声道は前方で狭い形状から後方で狭い形状に時間を追って変化するが，母音フォルマントは短い移行部を挟んで安定状態 /i/ のパタンから安定状態 /a/ のパタンに急激に変化する。さらに同様の推論によって，摩擦音や鼻音などの子音生成においてもこの理論が該当することを説明している。

3. 調音の機構

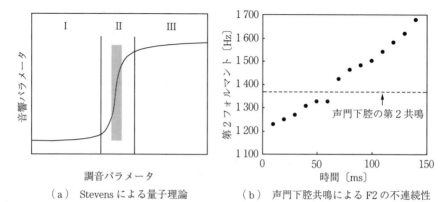

(a) Stevens による量子理論　　(b) 声門下腔共鳴による F2 の不連続性

図 3.14 量子的性質を説明する調音と音響の関係。(a) 音響パラメータの跳躍。調音器官が I から III へ連続的に状態変化する過程で，音響特徴は I と III において安定状態を維持するが II において急激な変化を示し[38]，あるいは不連続（灰色の箇所）になることがある[43]。(b) 声門下腔共鳴により生じる第 2 フォルマント（F2）の不連続性。後舌母音から前舌母音への移行に際して，第 2 フォルマントは声門下腔の第 2 共鳴と相互作用を生じて不連続となる[39]。

量子的性質に関連する興味深い事実として，母音 /a/ から /i/ への移行に際して第 2 フォルマント（F2）が図（b）のように不連続性を示すことが MIT の研究者らにより報告されており，その理由として**声門下腔共鳴**（subglottal resonance）による影響が想定されている[39]。母音生成において声門下腔（気管に該当）は声帯振動に伴い閉管に近い共鳴モードを発現して，男性において共鳴周波数はおよそ 640，1 400，2 100 Hz にあることが実測されている[40]。声門下腔の第 2 共鳴周波数は 1.4 kHz 前後に現れ，母音の F2 の占める領域にあたる。発話における F2 は，/i/ における高い値から /a/ における低い値に移行する過程でこの声門下腔共鳴と干渉する。その結果 F2 のピークは一時的に減衰して，スペクトログラム上で連続性を失うことが知られている[41]。この声門下腔の第 2 共鳴周波数は前舌母音と後舌母音を分ける境界周波数に近いため，母音の対比を際立たせる**増強効果**（enhancement）があるという主張もなされている。Stevens はこの F2 の声門下腔共鳴の効果を音響的柵状物（acoustic berm）と呼び，各母音の第 2 フォルマント（F2）は声門下腔の第 2 共鳴周波数を避けるように位置すると述べている。声門下腔共鳴が声道共鳴に

及ぼす音響機構がどのようであるかは実験的には明らかにされていない。Lilich らは声門開放期に上下の気柱が連結する機構を想定しているが，声門閉鎖期に声帯粘膜層を介して結合する機構も考えられる。また，F2 の瞬時的な不連続性が音声知覚の過程において有効な効果を示すか否かについても今後の研究を待つ必要がある。さらに，1.4 kHz 付近に生じる第 2 フォルマントの不連続性は，図 3.11 に示した歯列間隙効果と現象的には類似する。第 2 フォルマントの不連続性はつねに生じる現象とはいえず，声門下腔結合効果と歯列間隙効果のいずれに成因があるかも疑問として残り，今後の精密な分析を要する。実験データを読む限りにおいては，第 2 フォルマントのみに不連続性を生じる場合は声門下腔結合効果であり，第 2，第 3 フォルマントに不連続性がみられる場合には歯列間隙効果であるとみなしてよいように思われる[42]。

3.3 声道の形状と共鳴

3.3.1 声 道 の 形

声道の形は X 線撮影による側面像上の形状によって代表されてきている。現在では MRI によって声道の 3 次元形状の計測が可能であるが，調音時の声道形状の観測においては **X 線撮像法**の慣例に従って声道の側面像で代表することが多い。X 線撮像における声道形状が口腔顔面の透過画像に基づくのに対し，**磁気共鳴画像法**（magnetic resonance imaging：MRI）では正中矢状断面を撮像できるため，声道中心線に沿った声道長を計測することや声道中心線に直行する断面から**声道断面積関数**を求めることができる。しかし，多くの場合，正中矢状断面を正確に撮像することは難しく，実際の撮像面は正中矢状断面と若干の傾斜をもつことが普通である。したがって，正中矢状断面を正確に求めるには 2 次元画像を重ね合わせて 3 次元画像を再構築して，その立体画像上で正中矢状断面を切り直す作業が必要になることがある。

X 線透過画像を計測するための準備作業として規格撮像法に従って解剖学的な座標系を指定するように，MRI の正中矢状断面においても規格座標系を求め

ることが可能であり，前述（3.1 節）のように正中矢状断面上に存在する解剖学的基準平面として**口蓋平面**があり，**前鼻棘**（ANS）と**後鼻棘**（PNS）を結ぶ直線で定義される。MRI データで観測される画像は，装置内での頭部支持法，被験者の頭形や脊柱わん曲などにより個人ごとに頭位が異なるが，画像計測に際しては口蓋平面を基準平面として規格化することができる。図 3.15 は画像回転により規格化した例であり，規格計測法に用いることができるだけでなく，複数の話者の声道形状を比較する際にも頭位のばらつきによる不自然性を改善できる。

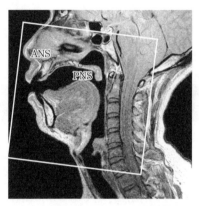 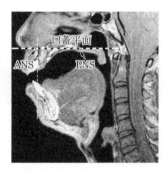

（a） 画像回転による MRI の規格化 　　　（b） 規格化 MRI と歯列補填

図 3.15 MRI 正中矢状断面の規格化。（a）画像の規格化法。前鼻棘（ANS）と後鼻棘（PNS）を結ぶ口蓋平面を基準平面として画像回転により頭位を規格化する。（b）歯列を補填した規格化画像。ANS を原点とする座標を構成できる。

3.3.2　定在波と多重反射

声道は声門を閉鎖端として口唇を開放端とした音響管であり，断面積が一定の場合には，声道内に生じた音波は閉鎖端と開放端との間で反射を繰り返し，図 3.16 に示すように声道長に従う**定在波**の列が生じることが繰り返し説明されてきている。母音の生成過程においても，単純化を目標として声道を 2～4 分割あるいは 8 分割した**音響管モデル**により母音フォルマントの成立過程が説

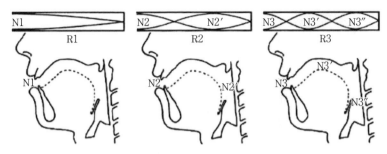

図 3.16 声道を閉管（片開き管）とみなしたときの声道内における定在波。Chiba & Kajiyama (1942)[17]より。R1 ～ R3 は気柱共鳴のモード，N1 ～ N3 は圧力変動の節（粒子速度変動の腹）を示している。

明されてきた。しかし，実際の声道は断面積が変化する直管ではなく，分岐管と呼ばれる側枝が存在し，さらに閉鎖端と開放端における複雑な状況がある。以下に，それらの問題を指摘するために，声道共鳴の特徴を低域と高域に分けて説明することを試みる。

3.3.3　声道共鳴：低域の特徴

声道共鳴における低周波数領域の特徴は**母音フォルマント**として知られる低次の共鳴であり，母音ごとに変化するフォルマントパタンは声道の形だけでなく長さによっても影響を受ける。声道は**閉鎖端**と**開放端**をもつ音響管としてモデル化され，声道長は閉鎖端と開放端との間で声道中心線に沿う管の長さで指定されるが，この仮定は声道の形状を詳しく観察するならばいくつかの疑問が生じる。単純化された声道モデルでは，閉鎖端と開放端はそれぞれ声門と口唇開口部であり，声道内を伝搬する音波の反射に関わる単一の境界平面とみなされている。実際の声道の閉鎖端は複雑な形状をもつため単一平面の閉鎖端の仮定が必ずしも成り立たない。

声道の閉鎖端に位置する声道下部（**下咽頭腔**）は，**図 3.17** に示すように，**喉頭腔**と左右の梨状窩からなる 3 本の管に分かれている。喉頭腔（正しくは上喉頭腔）は声帯の直上に位置する左右の喉頭室に続く喉頭前庭の管からなり，発声時に声門が閉鎖した条件では Helmholtz 共鳴器を構成する。梨状窩は食道

3. 調音の機構

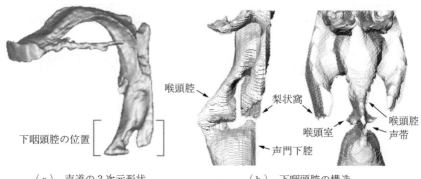

(a) 声道の3次元形状　　　　(b) 下咽頭腔の構造

図 3.17 声道と下咽頭腔の形状。(a) 声道の3次元形状。声道の閉鎖端の近くに下咽頭腔が位置する。(b) 下咽頭腔の構造。喉頭腔は正確には上喉頭腔といい声門直上の短い管で、左右の喉頭室と喉頭前庭を含む。左右の梨状窩は梨状陥凹とも呼び食道入口部に位置して声道の分岐管をなす。

入口部の直上にある逆円錐形の腔所であり、音響的には声道の分岐管として機能する。成人男性の場合、喉頭腔と梨状窩の長さは男性では平均的には2 cm程度であり、喉頭腔の底部（声門）と梨状窩の底部（食道入口部）の高さはほぼ等しいので、形から判断する限りでは3本の管の閉鎖端の位置はほぼそろっている。しかし、低周波数域における声道内音波の反射を考えると実効的な反射端の位置は明確に定義することができない。

声道の開放端に相当する**口唇開口部**は、単純な音響管モデルでは円筒の開口部と周囲のフランジで模擬される。低周波数域における声道内音波は、開口部から外界に向かって放射される過程で体積速度波から圧力波に変化して、一部は逆に声道閉鎖端方向に反射する。その際に放射された体積速度波の直流分は大気により希釈されて、**放射特性**と呼ばれる高域通過フィルタ型の音響効果を生じる。このような開口端における音響現象において、実効的な音波の放射と反射の生じる場所は開口部からわずかに外界に出た位置であるため、声道を電気的アナログモデルで代表する場合に開口部に延長区間を追加する必要があるとされる。この追加操作を**開口端補正**（open end correction）と呼び、開口部の半径Rに比例した係数$0.6 \sim 0.8\,R$が提案されている。この係数値に範囲

がある理由は開口端のフランジの有無によるためであり，Rayleighは難しい問題であると注記したうえで，フランジのある場合の実験値を$0.82R$としている[44]。しかし，声道において口唇開口部は図3.18に示すように楔状の3次元形状をとるために開口部の位置は必ずしも明確には決まらない。開口部の位置を断面積の極小部とするか，左右の口角を結ぶ直線上とするか，あるいは正中矢状断面像における口唇の最前部とするかにより声道長と開口面積の値が異なり，開口端補正値を変更する必要が生じる。例えば，母音「ア」で口が大きく開くと口角が後退して口唇最前部との差が拡大する。また，歯列が狭まり口唇が開いた発話状況では上下の歯列による特別な音響効果も考慮しなくてはならない。したがって，声道の開放端についても明確な定義がないといわなくてはならない。以上のような疑問は，声道断面積関数から声道の伝達特性を計算によって推定する際に問題となる点であり，口唇付近の音響現象を理解するための課題でもある。最近の3次元音響シミュレーション法[45]は3次元の声道形状と放射空間を用いることにより開口端補正の問題を回避できるが，逆に従来の声道アナログ方式の計算において開口端補正値の変動を予測する方法としても期待される。

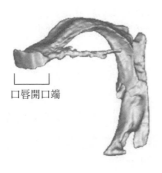
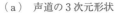
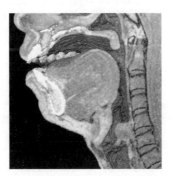

（a）声道の3次元形状　　　（b）口唇部を含む声道右半の構造

図3.18 声道開放端に位置する口唇開口部の3次元形状。（a）声道3次元形状。（b）声道右半のMRIにおける開口端の楔状の切込み。口唇開口部の狭い母音では声道開放端の位置を決めやすいが，広口母音では開口端（赤唇部）が前わんし口角部が後退するために音響学的な開口端位置が不明確になる。

図 3.19 は，以上の議論をもとにして単純化した音響管によりモデル化した例を図示している。図（b）の開口端効果に対応すべく，図（d）に示した閉鎖端の不明確さについて声道閉鎖端効果として声道音響モデルに追加して見直す必要がある。

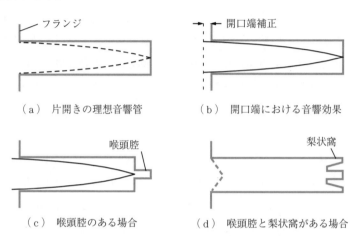

図 3.19 声道音響管モデルの諸相。（a）理想的な片開き音響管と第１共鳴モード。（b）音響管の開口端における共鳴管延長効果。（c）断面積の小さい喉頭腔が加わった場合。第１共鳴モードは大きくは変化せず，喉頭腔は共鳴モードを変更しない。したがって仮想的な声道閉鎖端は喉頭腔の出力端に近在する。（d）喉頭腔と梨状窩を閉鎖端にもつ声道。梨状窩の深さには左右差もあり，音響管モデル上の閉鎖端の位置は単純には決まらない。

3.3.4 声道共鳴：高域の特徴

声道共鳴における高周波数領域の特徴は，摩擦音における雑音の周波数分布などの少ない例を除くと言語情報として大きな効果をもつことがないと考えられている。むしろ，高域の特徴は，声質や個人性などの言語外情報あるいは**生物学的情報**に関与するとみなされている。

音声スペクトル上の高い周波数領域を特徴づける要因として，すでに述べたように下咽頭腔の共鳴があげられる。**図 3.20** に下咽頭腔における声道断面積関数と共鳴特性の一例を示す。喉頭腔は喉頭前庭が狭まった状況では

3.3 声道の形状と共鳴

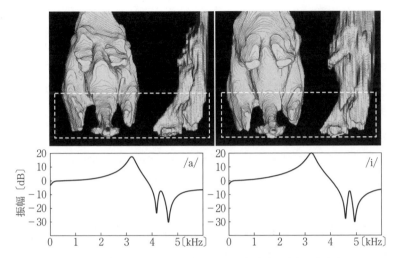

図 3.20 下咽頭腔の共鳴特性の推定例。母音 /a/ と /i/ の発話時の下咽頭腔（点線部分）の断面積関数をもとに開口部反射を無視して伝達関数を計算した結果を示す。

Helmholtz 共鳴器として機能するため強い共鳴音を発する。成人男性では上喉頭腔の共鳴周波数はおよそ 3〜3.5 kHz の範囲にあり，スペクトル上では第4フォルマントとして単独に観測されるか，あるいは第3フォルマントに重畳する共鳴ピークとして観測される。この周波数帯域はヒトの聴覚感度の高い領域であるため，わずかな共鳴周波数の変化も音質の変化として聴取することができる。喉頭腔共鳴は，古くは喉頭共鳴として声道内における部分共鳴の要素とみなされ，男声歌唱における**歌唱フォルマント**（singing formant）の核を構成する共鳴現象でもある[46]。喉頭腔共鳴は広義には声道共鳴の一部であるが，その共鳴周波数が近傍のフォルマントにより影響されない点で特異であり，共鳴ピークは声道共鳴における追加フォルマントとして観測され，スペクトル包絡の高域の形状を決定する。また，喉頭腔共鳴は Helmholtz 共鳴の特性を反映して声門開放時に消失するため声帯振動の周期内でオン・オフを繰り返す。このため，母音 /i/ では音声波形において共鳴周波数の局所的な振幅増大として観測され，その他の母音でも時間軸を引き延ばしたスペクトログラムにおいて断続する共鳴パタンを認めることができる。

94　　3. 調 音 の 機 構

　梨状窩は声道の分岐管として特定周波数の音響勢力を吸収してスペクトル上の谷として観測される。成人男性の場合には，梨状窩によるスペクトルの谷は4～5kHzの周波数帯域に認められ，上喉頭腔の共鳴ピークに引き続く急峻なスペクトル傾斜によって特徴づけられる。梨状窩は左右一対の構造であり非対称であることが普通なので，左右の梨状窩による反共鳴周波数は二つを想定できるが，反共鳴周波数はしばしば一致する。スペクトル上の谷はピークに対比して聴覚効果において限定的とされるが，梨状窩が深い場合にはスペクトルの谷も深く，近傍の共鳴ピーク周波数の変化を惹起することによって音質の聴感にも貢献しうる。音響分析において梨状窩によるスペクトルの谷は必ずしも認められるわけではない。梨状窩を狭めるような発声スタイルによる場合と発声時の声門気流雑音による埋没する場合がありうると考えられる。

3.4 ま と め

　第3章では調音（あるいは構音）と呼ばれる発話運動の仕組みと声道における音響現象を取りあげた。調音機構の研究は発声機構の研究と比べて歴史が短く，興味深い歴史的な図版も乏しい。音声学が言語学とは独立した学問であった時代の音声学の図書には解剖の章が音響学の章と並んで設けられている。しかし，解剖と音響とを結ぶ因果関係についての記載がない。この問題を扱うには観測法の実現を要したためであろうと思われる。マクロ解剖と古典音響学はともに古い時代に完成しながら，器官運動から音声実現の過程を扱うにはX線観測法の実現を待たなければならなかった。歴史の浅い分野は新たな発見の宝庫といってよく，筋電計測を通じて個人的にもそのような発見の場に立ち会うことができた。母音調音における外舌筋の活動，軟口蓋の高さに関わる筋の拮抗関係，口唇の突出しの機構などがそのような例であるが，それぞれが事実として認められるには今後の追試が望まれる。

　声道の音響現象はChibaとKajiyama，Stevens，Fantらの研究を通じて声道全体の形と音との対応関係が詳しく調べられて，音源・フィルタ理論が完成す

る。これらの研究の過程では，声道内に分岐管が存在する事実とともに部分共鳴を生じうる構造があることを認めながらも，1次近似として声道を1次元の管として扱った。そのため，単純化されすぎた声道モデルが後続研究で扱われることになった。母音を扱う場合の最大の声道分岐管は梨状窩であり，この分岐管効果を無視した場合には，音響管と音との対応関係は，男声で4 kHz以下，女声で5 kHz以下の周波数帯域に限られる。古い文献で喉頭共鳴と呼ばれ著者らが喉頭腔共鳴と呼ぶ現象は，少なくとも男声において音声スペクトルに追加フォルマントをもたらすために，この点においても1次元の声道モデルは破綻する。現実の声道の形を見直す契機となった出来事は磁気共鳴画像法（MRI）を用いた3次元可視化技術の利用であるが，それでもなお画面に描画された構造が研究者の網膜に映るには時間を要した。

引用・参考文献

1) 桐谷 滋（1990）発話運動のモデル化，『咀嚼システム入門』（pp. 79–90），風人社.

2) Nelson, W. L., Perkell, J. S., & Westbury, J. R.（1985）Mandible movements during increasingly rapid articulations of single syllable：preliminary observations, J. Acoust. Soc. Am., **75**：945–951.

3) Abbs, J. H.（1980）Labial-mandibular motor equivalence in speech：a response to Sussman's evaluation, J. Speech Hear. Res., **23**：702–704.

4) Erickson, D., Honda, K., & Kawahara, S.（2017）Interaction of jaw displacement and F0 peak in syllables produced with contrastive emphasis, Acoust. Sci. & Tech., **38**：137–146.

5) 三木成夫（1992）『生命形態学序説：根原形象とメタモルフォーゼ』，うぶすな書院.

6) Kier, W. M., Smith, K. K.（1985）Tongues, tentacles and trunks：the biomechanics of movement in muscular-hydorstats, Zoological Journal of the Linnean Society, **83**：307–324.

7) Takemoto, H.（2001）Morphological analyses of the human tongue musculature for three-dimensional modeling, J. Speech Lang. Hear. Res., **44**：95–107.

8) Tiede, M., Boyce, S.E., Holland, C., & Chou, A.（2004）A new taxonomy of

96   3. 調 音 の 機 構

American English /r/ using MRI and ultrasound, J. Acoust. Soc. Am., **115** : 2623–2633.

9) Maeda, S. (1990) Compensatory articulation during speech : Evidence from the analysis and synthesis of vocal-tract, In W. J. Hardcastle & A. Marchal (eds.), Speech Production and Speech Modeling, pp. 131–149, Amsterdam : Kluwer Academic Publisher.

10) Maeda, S. & Honda, K. (1994) From EMG to formant patterns of vowels : the implication of vowel spaces, Phonetica, **51** : 17–19.

11) Honda, K., Kurita, T., Kakita, Y., & Maeda, S. (1995) Physiology of the lips and modeling of lip gestures, Journal of Phonetics, **23** (1) : 243–254.

12) Li T., Honda K., Wei J., & Dang J. (2015) A lip protrusion mechanism examined by magnetic resonance imaging and finite element modeling, ICPhS 2015.

13) Bell-Berti, F. (1976) An electromyographic study of velopharyngeal function in speech, J. Speech Hear. Res., **19** : 225–240.

14) Henderson, J. B. (1984) Velopharyngeal Function in Oral and Nasal vowels : A Cross-Language Study, Ph.D. Dissertation, Univ. Connecticut, Storrs.

15) Dang, J., Wei, J., Honda, K., & Nakai, T. (2016) A study on transvelar coupling for non-nasalized sounds, J. Acoust. Soc. Am., **139** : 441–454.

16) Stevens, K. S. (1977) Physics of laryngeal behavior and larynx mode, Phonetica, **34** : 264–279.

17) Chiba, T. & Kajiyama, M. (1942) The Vowel : Its Nature and Structure, Tokyo : Tokyo Kaisenkan.

18) Fant, G. (1960) Acoustic Theory of Speech Production, Mouton : The Hague.

19) Stevens, K. N. (1998) Acoustic Phonetics, Cambridge, MA : MIT Press.

20) 藤村 靖 (2007)『音声科学言論：言語の本質を考える』, 岩波書店.

21) Honda, K., Takano, S., & Takemoto, H. (2010) Effects of side cavities and tongue stabilization : possible extensions of quantal theory, Journal of Phonetics, **38** : 33–43.

22) Kitamura. T., Honda, K., & Takemoto, H. (2005) Individual variation of the hypopharyngeal cavities and its acoustic effects, Acoust. Sci. & Tech., **26** : 16–26.

23) Bartholomew, W. T. (1934) A physical definition of 'good voice quality' in the male voice, J. Acoust. Soc. Am., **6** : 25–33.

24) Kitamura, T., Takemoto, H., Adachi, S., Mokhtari, P., & Honda, K. (2006) Cyclicity of laryngeal cavity resonance due to vocal fold vibration, J. Acoust. Soc. Am.,

120 : 2239–2249.

25) Takemoto, H., Adachi, S., Kitamura, T., Mokhtari, P., & Honda, K. (2006) Acoustic roles of the laryngeal cavity in vocal tract resonance, J. Acoust. Soc. Am., **120** : 2228–2238.

26) Dang, J., & Honda, K. (1996) Acoustic characteristics of the piriform fossa in models and humans, J. Acoust. Soc. Am., **101** : 456–465.

27) Honda, K., Kitamura, T., Takemoto, H., Adachi, S., Mokhtari, P., Takano, S., Nota, Y., Hirata, H., Fujimoto, I., Shimada, Y., Masaki, S., Fujita, S., & Dang. J. (2010) Visualization of hypopharyngeal cavities and vocal tract acoustic modeling, Computer Methods in Biomechanics and Biomedical Engineering, **13** : 443–453.

28) Goldstein, A. A. (1940) New concept of the function of the tongue, Laryngoscope, **50** : 164–188.

29) Dudley, H. & Tarnoczy, T. H. (1950) The Speaking Machine of Wolfgang von Kempelen, J. Acoust. Soc. Am., **22** : 151–166.

30) Dudley, H. (1940) The carrier nature of speech, The Bell System Technical Journal, **19**.

31) Fujimura, O., & Kakita, Y. (1979) Remarks on quantitative description of lingual articulation, In B. Lindblom & S. Öhman (eds.) Frontiers of Speech Communication Research, London : Academic Press.

32) Perkell, J. S., Matthies, M. L., Lane, H., Guenther, F. H., Wilhelms-Tricarico, R., Wozniak, J., et al. (1997) Speech motor control : acoustic goals, saturation effects, auditory feedback & internal models, Speech Communication, **22** : 227–250.

33) Öhman, S. (1966) Coarticulation in VCV utterance : Spectrographic measurements, J. Acoust. Soc. Am., **39** : 151–168.

34) Kent, R., & Minifie, F. (1977) Coarticulation in recent speech production models. Journal of Phonetics, **5** : 115–133.

35) Fowler, C. A., & Saltzman, E. (1993) Coordination and coarticulation in speech production, Language and Speech, **36** : 171–195.

36) Stevens, K. N. (1972) The quantal nature of speech : evidence from articulatory-acoustic data, In E.E. David, Jr. & P.B. Denes (eds.), Human Communication : A Unified View, 51–66, New York : McGraw-Hill.

37) Pisoni, D. B. (1981) Variability of vowel formant frequencies and the quantal theory of speech : A first report, Phonetica, **37** : 285–305.

98   3. 調 音 の 機 構

38) Stevens, K. N. (1989) On the quantal nature of speech, Journal of Phonetics, **17** : 91-97.

39) Chi, X., & Sonderegger, M. (2007) Subglottal coupling and its influence on vowel formants, J. Acoust. Soc. Am., **122** : 1735-1745.

40) Lulich, S. M. (2010) Subglottal resonances and distinctive features, Journal of Phonetics, **38** : 20-32.

41) Ishizaka, K., Matsudaira, M., & Kaneko, T. (1976) Input acoustic-impedance measurement of the subglottal system, J. Acoust. Soc. Am., **60** : 190-197.

42) Fan, S., Honda, K, Dang, J., Feng, H. (2016) Effects of subglottal coupling and interdental space on formant trajectories during front-to-back vowel transitions in Chinese, INTERSPEECH 2016, 2438-2442.

43) Stevens, K. N., & Keyser, S. J. (2010) Quantal theory, enhancement and overlap, Journal of Phonetics, **38** : 10-19.

44) Rayleigh, J. W. S. (1877) The Theory of Sound, Vol. 2. (Reprinted in 1942, 常盤書院)

45) 日本音響学会編 (2015) 音響サイエンスシリーズ 14『FDTD 法で視る音の世界』, コロナ社.

46) Sundberg, J. (1974) Articulatory interpretation of the 'singing formant', J. Acoust. Soc. Am., **55** : 838-844.

第4章
音声の中枢制御

4.1 音声の生成と中枢機構

　音声の生成に関する研究が進んで言語の面からも運動制御の面からもさまざまな概念やモデルが提案されている。ヒトの言語機能が生得的であり周囲の事物を言葉として符号化する能力をもっているといわれる。さらに，言葉の符号を音の表象として蓄えて発声と発話の運動に変換することにより音声を実現する。このような過程を深く理解しようとする場合，箱と矢印の図ではなく実体としての中枢の構造や機能に基づいた説明が必要になる。本章では，音声の生成を中心に知覚との関係を含めて音声情報交換に関わる中枢機構についてまとめる。

4.1.1 音声情報交換を支える大脳皮質

　音声の生成と知覚に関わる大脳皮質の機能に関してわれわれの知識が 19 世紀における失語症の剖検症例の報告に始まることはよく知られている。脳機能の局在と半球差が推測されるようになった頃，Broca は 1863 年に言語表出の障害に左前頭葉下部の病変が伴う症例を見出し，多くの症例を追加して同部位が運動性の言語障害の病巣であることを確認した。その後，Wernicke は 1875 年に言語聴取の障害に伴って側頭頭頂葉に病変のある症例を報告し，さらに Broca の示した病巣を言語生成の中枢，Wernicke の病巣を言語理解の中枢とみなして，それぞれの領域を結ぶ伝導路の障害を予測した。そのような失語症

に関わる二つの領野の関係は，その後の **Wernicke = Geschwind** モデルとして発展し，弓状束を介する **Broca 野** と **Wernicke 野** のネットワークを言語の聴取と生成を結ぶ基本的な神経構造として理解が定着する．その当時は言語の体制に関しては全体論が主流であったが，言語に関わる運動と感覚の **機能局在** が支持された理由の一つは大脳皮質の解剖学に進展があったためであろうと思われる．例えば，オーストリアの Obersteiner は大脳皮質間の繊維連絡を調べ，**図 4.1**（a）に示すように距離的に離れた領野を結ぶ長い繊維連絡を 1888 年に報告し，側頭葉などから Broca 野周辺に連絡する **弓状束** と **鉤状束** を示している[1]．また，ドイツの Flechsig は大脳皮質繊維における髄鞘化過程を調べ，図（b）に示す髄鞘形成時期の差を脳地図として 1901 年に報告している[2]．髄鞘化が早く始まる領域は運動野，体性感覚野，聴覚野，視覚野などの皮質下構造から強い 1 次投射を受ける領域であり，髄鞘化の遅い領域はむしろ皮質間の繊維連絡が密であり **連合野** と呼ばれる領域に相当する．また，髄鞘化の最も遅い前頭前野あるいは角回などの部位は「連合野の連合野」とも呼ばれている．

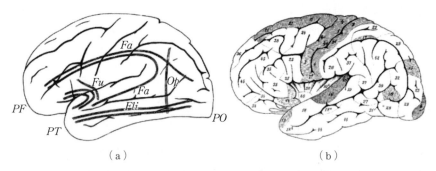

図 4.1 大脳皮質連合野の解剖学的特徴．(a) Obersteiner による連合間の繊維連絡を示す図．弓状束（arcuate fasciculus：Fa），鉤状束（uncinate fasciculus：Fu），下縦束（inf. longitudinal fasciculus：Fli）などが示されている．(b) Flechsig による皮質髄鞘形成の発達時期を示す図．髄鞘化は感覚運動野，聴覚野，視覚野などの 1 次領野で早く，前頭前野，角回などで遅い．

4.1.2 音声生成と知覚の皮質領域

〔1〕 **音声生成と知覚の皮質領野**　Brodmann は組織顕微鏡学的方法により大脳皮質の細胞構築を調べて各領域を分類した図を 1909 年に報告した[3]。この Brodmann の**脳地図**は大脳皮質の機能局在を記載する際に参照され続けている。**図 4.2** は Brodmann の脳地図より音声の生成と知覚に関わる領域を抜き出した図を示している。

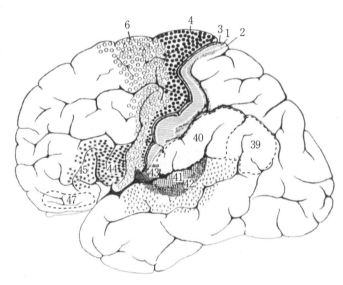

図 4.2　音声の生成と知覚に関わる領域を抜き出した Brodmann の脳地図。関連する周辺領域を破線で囲んだ。中心溝に沿って上下に伸びる運動感覚野には 1 次運動野（BA4）と 1 次体性感覚野（BA1, 2, 3）があり，下半 1/3 の部位が発声発話の運動に関わる。1 次聴覚野である Heschl 回は BA41 に相当する。運動前野（BA6）の上部および体性感覚野の下端（BA43）は音声知覚に関わるという報告がある。この脳地図には島皮質が記載されていない。

この地図上で，発声と発話の運動に直接関わる領域は上下に長い中心溝に沿う **1 次運動野**（BA4）の下半部に位置し，部位と機能との対応関係は Penfield と Roberts による大脳皮質の電気刺激により調べられたホモンクルスの図に示されている[4]。1 次運動野は体性感覚野（BA1, BA2, BA3）と密に繊維結合して同時に活動すると考えられ，**感覚運動野**（sensorimotor area）という機能

102   4. 音 声 の 中 枢 制 御

的な名称がある。**1次聴覚野**は側頭葉のシルビウス溝に埋もれた側頭平面に位置する **Heschl 回**（Heschl's gyrus）とされ，BA41 に相当する。この部位は**上側頭回**（superior temporal gyru：TSG）とも呼ばれる。最近の報告では，サルにおける聴覚野の研究に対応してヒトの1次聴覚野も中心部（core：BA41），周辺部（belt：BA42 と BA52），旁周辺部（parabelt：BA42 の後方に位置する BA22 の一部）に区分できるという。なお，図4.2中に BA52 はなく，後になって図4.3のように追加された。Broca 野は前頭葉の**左下前頭回**（left inferior frontal gyrus）にある三角部（前部）と弁蓋部（後部）に分かれ，それぞれ BA45 と BA44 に対応する。Wernicke 野は脳地図上で明確な定義が与えられていないが，Heschl 回の後方に位置する上側頭回の後部に位置し，BA22 の後半部を中心として BA39 と BA40 の一部を占めるとみなされる。

〔2〕 **島皮質と運動前野**　　音声の生成と知覚に関わる大脳皮質として最近になって注目を集めている領野に左島皮質前部と左運動前野がある。これらの機能についての詳細な位置づけは現時点で定着した結論をみるには至っておらず，議論の対象になっている。以下に初期研究において示された興味深い知見のみを示しておく。

島皮質（insula）は前頭葉および頭頂葉の弁蓋部と側頭葉の上側頭回に覆い隠された深部皮質につけられた名称であり，表層部分を切除あるいは圧排することにより露出される。**図4.3**（a）は Brodmann により追加された島皮質および上側頭回上面の BA52 を示す図であり，この図では島皮質を前後の領域に分けているが番号は付されていない。この広い領野は病巣があっても臨床症状が顕著ではないために沈黙の皮質とも呼ばれ，あるいは内臓感覚の中枢などともいわれてきた。ところが，一つの臨床研究によって音声生成に関わる新しい領域として突然に注目されることになった。Dronkers は運動失語の症例を発語失行症の有無により2群に分けて CT と MRI により障害部位と発語失行に関する二重乖離の成立を調べた結果，図（b）に示すように発語失行のある群の全例で左島皮質最前部に病変を見出し，発語失行のない群ではその病変がまったくみられないことを報告した[5]。**発語失行**は運動失語の随伴症状の一つ

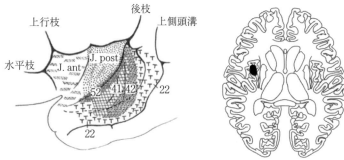

(a) 島皮質と上側頭回上面の脳地図　　(b) 発語失行の責任病巣

図 4.3 島皮質の脳地図と発語失行の責任病巣。(a) Brodmann による島皮質と聴覚野を示す脳地図。J. ant および J. post はそれぞれ島皮質の前部と後部を，水平枝，上行枝，後枝はそれぞれ外側溝 (Sylvian fissure) の側枝を示す。左島皮質の前端は Broca 野と接し，後端は Heschl 回および BA43 および BA52 に隣接する。(b) Dronkers (1996)[5)] が発語失行の責任病巣として見出した左島皮質前部（黒く塗りつぶした部位）。

であり，一つひとつの音節を区切るような流暢性に欠く努力性の発話を特徴とするため，調音運動プログラミングの障害とみなされてきた。したがって，新たに発見された左島皮質前部は音声生成における**運動プログラミング**の中枢として注目され，運動言語野としての Broca 野の機能に関する従来の解釈にも問題を提起することになった。

左島皮質前部の機能が調音運動のプログラミングであると仮定しても，具体的にどのようなプログラム操作であるかを実験的に調べることは現時点では難しい。この問題について，Eickhoff らは発話時の脳機能画像データを用いて**機能的結合性解析** (functional connectivity analysis) を行い，**図 4.4 (a)** に示す運動プログラムのモデルを導出している。また，Kent は藤村による C/D モデルの構想[6)]を引用して，運動言語野の機能についてわかりやすい推論を試みている[7)]。C/D モデル (converter-distributer model) は第 1 章でも触れたように，言語学に基づいて発話の過程を厳密に記述しようとする理論であり，音節を音声の基本構造として発話内容の統語，音韻，韻律の表象から発話運動に含まれる要素的な運動の時間的空間的パタンが生成される過程を説明する[8)]。こ

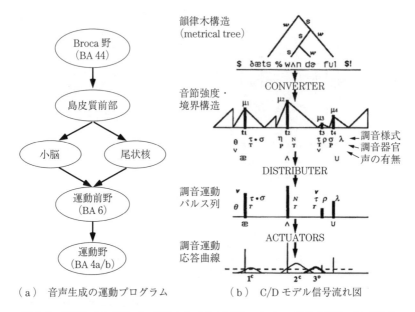

（a） 音声生成の運動プログラム　　（b） C/D モデル信号流れ図

図 4.4 音声生成の運動プログラムと C/D モデル。（a）一般的な運動プログラムの流れ図を音声生成過程に当てはめて推定した例[9]。（b）C/D モデルの流れ図[6]。それぞれを改変したもの。

の C/D モデルにおいて，発話の実現過程は言語特徴を背景として発話の意図に基づいて調整された音節構造の列から発話に関わるさまざまな筋への運動指令を生成する変換過程であり，音節を構成する頭部，中心部，尾部などの調音運動の要素に対応してそれぞれの要素運動を各筋に配分する時間的・空間的なプログラムを構成する機能部位を意味する。Kent はこのような発話の実現過程を Broca 野を中心とする運動言語野の連携に求めることができるという趣旨を述べている。Broca 野における発話の内部表象の形成から 1 次運動野における筋収縮力の生成への変換過程は複雑な処理の連鎖であり，中間的な構造として C/D モデルにおけるような運動要素を配分する機能領域を想定することは必ずしも不自然ではないと思われる。

運動前野（premotor area）は 1 次運動野の前方，かつ前頭前野の後に位置する領域であり，運動プログラムに関わる前頭葉領域の一つとして知られてき

た[10]。運動前野は補足運動野とともに運動の構成に関わる領野とみなされ，この部位に障害が生じると軽度の運動の破綻（例えば手先の不器用さ）などが生じる。一方，最近の**脳活動イメージング**研究においては音声知覚のタスクでしばしば運動前野の活動が認められることが知られ，そのような例は比較的古い資料にも認められる。**陽電子断層法**（positron emission tomography：PET）による脳イメージング法を用いた言語活動に関する初期研究としてPosnerとRaichleの研究は代表例であり[11]，**図4.5**に単純な単語発話と単語聴取のタスクにおける活動強度パタンを抜き出した図を示す。単語発話のタスクでは，感覚運動野の強い活動とBroca野の弱い活動がみられる一方，自己発話音声の聴取に応答するはずの**聴覚野**とWernicke野には目立つ活動がみられない。単語聴取のタスクでは聴覚関連領野の強い活動のほかにBroca野と運動前野にも弱い活動が認められ，単語の聴取に運動関連領野が関わることを示唆している。運動前野の音声知覚における活動については音声生成と知覚との関連性を示す一例として**音声知覚の運動説**あるいは**ミラーニューロン説**との関連で議論されている。

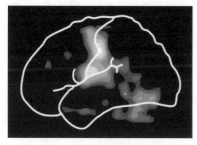 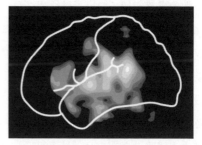

　　　　　（a）単語発話　　　　　　　　　　（b）単語聴取

図4.5 単語発話と単語聴取における脳活動パタン。PosnerとRaichleによるカラー原図[11]から二つのタスクによる応答を抜き出して画像編集したもの。（a）単語発話に応答する活動は感覚運動野に強く現れ，（b）その前方に単語聴取に応答する運動前野の弱い活動がみられる。

106   4. 音 声 の 中 枢 制 御

4.1.3 音声生成系を巻き込む音声知覚の神経回路

　音声生成と知覚を結ぶ経路として知られてきた弓状束は，Wernicke ＝ Geschwind モデルにおいては復唱と音読の経路として理解されてきた。最近の脳イメージング研究により Broca 野と側頭葉を結ぶ連合繊維の分布についての理解が進んで，Broca 野をなす二つの領域である弁蓋部（BA44）と三角部（BA45）のに機能についてもわれわれの知識が更新されようとしている。そのような新しい研究では，運動野と聴覚野を結ぶ連合繊維が弓状束だけでなく鉤状束にも意義が見出されており，Broca 野を巻き込む単語音声知覚のネットワークの仮説として**二重経路モデル**（dual-stream model）が提唱され，それぞれの経路において伝達される情報の内容が理解されつつある[12]。この音声知覚の二重経路モデルは視覚の二重経路モデルからの類推に基づく仮説であるが，連合繊維の解剖学的実体と多くの脳イメージング研究により支持されてきている[13]。このモデルでは，弓状束を含む**背側路**（dorsal stream），鉤状束を含む**腹側路**（ventral stream）と呼び，それぞれ音韻と意味の情報が別々の回路で伝達されるとみなされている。それぞれの経路の連合繊維の終始と関連する他の皮質領域については研究グループごとに若干異なるが，機能的には背側路が音韻処理に，腹側路が意味処理に関与するとみなされている。背側路は，Wernicke 野（BA22 上部の近傍）・角回（BA39）から後部 Broca 野（BA44）・前運動野（BA6）を結ぶ経路であり，音声生成系を参照する音声知覚において役割を果たすとみなされている。一方，腹側路は Wernicke 野の下方に位置する BA22 から前部 Broca 野（BA45）へ至る経路であり，発話の意味内容を処理する経路と考えられ，単語記憶との関連も推測されている。

　音声知覚の二重経路モデルが従来の Broca 野と Wernicke 野を結ぶ音声生成知覚系の神経基盤に基づいているのに対し，これらの 2 領野を介することのない短絡経路モデルともいうべき神経連絡の可能性が提案されている[14]。機能的 MRI を応用して関連皮質領野の結合度を統計的に調べる手法がある。この方法を音声知覚実験に用いることにより *op*4 と呼ぶ頭頂葉弁蓋部の一部にお

ける活動性が1次運動野の発話領域および Broca 野付近の前頭弁蓋部の一部の活動と相関することが示されている。連絡繊維の解剖学的実体や機能的な意味づけについては定まっているとはいえないが，*op*4 の領域は島皮質の後端に近く，前端付近に想定される発話関連機能と対比するならば，発話の運動プログラミングに関する生成と知覚のネットワークを想定することができる。この回路は，弓状束の下層に位置するネットワーク構造を想像できる点において非常に興味深い。

以上にあげた音声知覚の二重経路と短絡経路を簡単化して図 4.6 に示す。これらの経路は現時点で研究進行中であり，詳細と成否については今後の研究を待つ必要があると思われる。

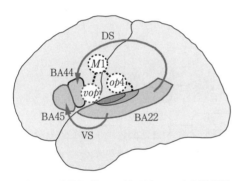

単語音声知覚の二重経路モデル（実線）
VS：背側路 （dorsal stream）
DS：腹側路 （ventral stream）
BA22：Wernicke 野を含む領域
BA44：Broca 野（音韻処理）
BA45：Broca 野（意味処理）

音声知覚・生成系の短絡経路（破線）
*op*4：頭頂弁蓋部の一部
vop：前頭弁蓋部の一部
*M*1：1 次運動野

図 4.6 音声知覚の二重経路モデルと短絡経路モデル。実線部分が二重経路モデルを，破線部分が短絡経路モデルを示す。

4.2　音声生成と知覚の関係

4.2.1　言　葉　の　鎖

話し言葉における音声を音の波と解釈すれば物理の課題であり，信号処理や電気通信の対象でもあるが，情報交換の媒体として考えると音をつくり出す仕組みと聞き取る仕組みとに依存することがわかる。日常の音声による情報交換はあまりにも自然であるためそれぞれの仕組みが意識にのぼることはなく，雑

音により通信路が破綻する，いずれかの仕組みが病気により障害される，あるいは外国語環境に身をおくなどの場合において，初めて音声情報交換を支える複雑な仕組みを意識する。Danes と Pinson はこのような情報交換における音声生成と知覚との関係を主題に取りあげ，言語，生理，物理レベルの諸現象の連鎖が発話者と聴取者を結ぶ「**言葉の鎖（speech chain）**」であるとした[15]。図 4.7 は「言葉の鎖」を代表する図としてあえて再掲する必要のないほどよく知られている。

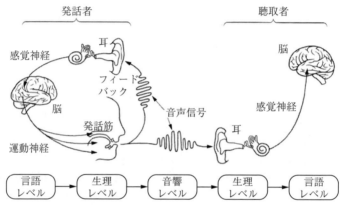

図 4.7　言葉の鎖（speech chain）。話し言葉の連鎖を構成する各レベルと種々の介在信号を示した図[15]。

この図において音響レベルの信号はスペクトログラムを含めた種々の音響分析法により詳しく調べることができる。通信路の破綻や生理機構の障害により生じる問題は，個々の音素について発話者の意図と聴取者の判定を対比させることにより異聴表として記述される。さらに異聴表をもとにして音素を構成する弁別素性ごとの伝達率を調べることも可能であり，情報理論に基づいた分析方法により相互情報量として記述する方法が知られている[16]。生理レベルにおける生成と知覚の仕組みは動物実験の可能な範囲ではよく調べられており，発声に関わる生理的・物理的機構と聴覚系の末梢機構についての理解は進んでいる。しかし，話し言葉に関連するヒト固有の機能については音声学的体系の複雑さと研究上の技術的な障壁のためにわれわれの理解はかなり限られている

といわなくてはならない。

　発話者と聴取者における情報処理の過程は「言葉の鎖」の概念モデルでは対称的な図式として描かれているが，発話の過程における現象を観測するならば必ずしも対称的とはいえない。発話者の内部で構成される発話目標は，音の情報だけではなく体性感覚の情報がある。例えば，子音における調音位置の内部表象は第2フォルマントの遷移パタンだけでなく，両唇の接触や舌の口蓋との接触などの接触感覚情報や咽頭腔における気圧変動の感覚表象がある。同様に，声質の内部表象は母音型音声におけるスペクトル傾斜や調波構造の情報だけでなく，喉頭および気管の振動感覚がありうる。音と体性感覚を統合した情報は，発話の実現に先だって**遠心性コピー**（efference copy）により発話者自身により認識され，実現されたそれぞれの感覚情報の実体と照合される。これらの発話の統合情報が音声信号の形で伝搬して聴取者により知覚される過程において，体性感覚の情報は失われて音だけからなる部分情報となる。一方，聴取者においては，知覚した音のみから調音過程を推定するのではなく，発話生成の知識に基づいて体性感覚を含めた発話の全体像を推定しようとするが，音の情報のみからでは不完全な知覚像になる。聴取者においては音声信号という発話の部分情報に加えて，対話の場面においては視覚情報が与えられる。視覚情報は発話者の内部表象としては不完全であり，知識に基づいて推測できたとしても実際の感覚情報としては存在しない。音の情報に視覚情報が加重されると受聴者の知覚像は明確なものとなる。一方，**McGurk 効果**（McGurk effect）[17]と呼ばれる視覚情報の音声知覚に及ぼす影響が知られており，単音節の発話において人為的にすり替えた視覚情報を音声に重ねると，受聴者の知覚判断における体性感覚の推定情報は容易に書き替えられ，その結果として調音位置の知覚像が歪められる。

4.2.2　感覚統合に基づく音声生成モデル

　音声生成と知覚の関係に基づいて調音の獲得過程を模擬する工学モデルとして**図 4.8** に示す **DIVA モデル**（directions into velocities of articulators model）

110   4. 音声の中枢制御

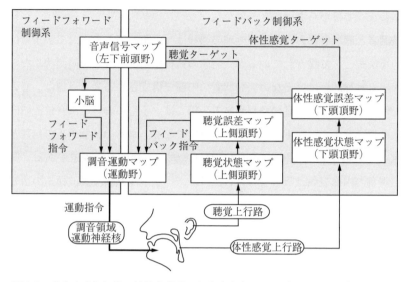

図 4.8 音声生成と知覚の連携を考慮した音声生成モデル（DIVA モデル）。DIVA モデルについては報告ごとに若干異なるモデル図が示されているが，この図は文献[16]に基づいて皮質下構造の表現を改変したもの。

がよく知られている[18]。初期のモデルは単音節の生成を対象とした神経回路モデルであり，フィードバック学習に基づくフィードフォワード型の運動制御を介して Maeda の**調音モデル**[19]より合成音声を出力することができた。その後，脳イメージング実験により大脳皮質の関連領野との対応関係が考慮され，大脳皮質の解剖構造に基づいたモデル図が提案されている[20]。また，箱と矢印のモデルの利便性を利用して，音声生成と知覚に関わる脳イメージング研究において得られた結果を解釈する際の参考資料として用いられることもある。新しいモデルでは大脳皮質の機能領域として聴覚野，体性感覚野，運動野（1次運動野と Broca 野）が神経細胞集団を意味する「マップ」として想定されており，2種類の感覚入力に基づいて調音運動が獲得され，調音器官への運動指令により音声が発せられる過程を模擬する。以下にこのモデルで想定されているそれぞれのマップの機能を短くまとめておく。

• 音声信号マップ：Broca 野（BA44, 45）あるいは調音に関する運動前野**ミラーニューロン**系に位置し，音節構成要素に対応する調音表象から調音

に関わる**運動譜**（gestural score）を生成する。

- 聴覚状態マップ：Heschl 回（BA41）と 2 次聴覚野（BA42, 22）に位置し，聴覚入力信号を処理して音声表象に変換する。

- 体性感覚状態マップ：体性感覚野（BA1, 2, 3），2 次体性感覚野である頭頂葉縁上回（BA40），および中心溝に面する外腹側端（BA43）に位置し，末梢からの感覚入力信号を受けて体性感覚表象に変換する。

- 聴覚および体性感覚誤差マップ：遠心性コピーである聴覚ターゲット信号および体性感覚ターゲット信号を受けて末梢系由来のそれぞれの表象信号との誤差を検出して運動野にフィードバック信号を送る。

- 調音運動マップ：音声信号マップおよび小脳からのフィードフォワード信号および誤差マップからのフィードバック信号を入力として脳幹（延髄）の運動神経核に運動指令を出力する。

以下に図 4.8 の DIVA モデルにおいて扱われていない関連領域について短く記述しておく。

- **補足運動野**（supplementary motor area：SMA）：補足運動野は運動の解発と順序の指定を行う領域であり，調音においても同様の役割を果たすと考えられている。DIVA モデルにおいても補足運動野の機能は考慮されているが，この図には記載がない。

- **小脳**（cerebellum）：小脳はフィードバック学習に基づくフィードバック運動制御において重要な役割を果たし，体性感覚信号の小脳への投射は運動学習回路として知られている。DIVA モデルでも小脳の機能は調音運動学習の中枢として考慮されているが，この図では体性感覚入力やフィードバック回路は省略されている。

- **基底核**（basal ganglia）：基底核は皮質下にある運動安定化装置であり，運動の揺らぎを防ぎ弾道的な大きな運動を保証するが，DIVA モデルには取り入れられていない。

- **視床**（thalamus）：視床は脳幹の直上にあって感覚入力を対側皮質の感覚野に伝える中継核が集まっている。聴覚においては視床後部にある**内側膝**

状体（median geniculate body）が，体性感覚においては腹側核群がそれぞれの中継核であるが，DIVAモデルでは考慮されていない。

4.2.3 発声に関わる皮質下の構造

上述のDIVAモデルは調音運動の生成に関わる大脳皮質の神経回路モデルであり，皮質下構造の機能あるいは発声に関わる運動制御については触れられていない。発声の制御は調音運動制御の機構とは異なって大脳皮質以外の多くの構造を巻き込んだ特殊なシステムを構成している。その構造は複雑であり生命維持に関するネットワークにも関係するために簡単な箱と矢印のモデルで表すことが難しいが，以下に動物の**発声運動中枢**として知られる**中脳水道周囲灰白質**（periaqueductal gray：PAG）を含むネットワークを簡単化して説明する。

図4.9にPAGに関連する皮質下構造と想定されるネットワークの模式図を示す。各部舌，下顎，唇などの調音筋はそれぞれ舌下神経，三叉神経，顔面神経の運動枝から神経支配を受け，左右の神経核は対側の大脳皮質運動野から直行繊維（皮質延髄路）による投射を受ける。一方，喉頭を支配する擬核・後擬

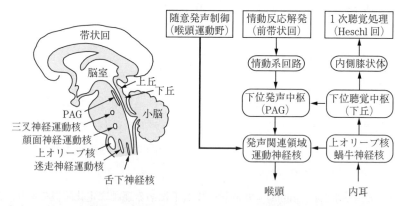

（a）脳幹の発声発話・聴覚関連構造　　（b）発声運動制御系と末梢聴覚系

図4.9 発声の運動制御に関連する皮質下構造と聴覚発声系のネットワーク。(a)大脳皮質の内側面にある帯状回，脳幹上端にある下丘とPAG，脳幹の神経核を示す解剖図。(b)発声運動系と聴覚系との連関および喉頭運動野から発声関連の運動神経核への直行繊維（皮質延髄路）。

核と呼ばれる運動神経核は両側の**喉頭運動野**（laryngeal motor cortex）からの直接投射を受けるほかに，下位の発声運動中枢である PAG からの投射も受ける。つまり，喉頭の運動神経核は両側性の二重支配を受ける点が特異であり，喉頭の随意運動を支える仕組みが成立している。この二重支配の構造はヒトとチンパンジーに限られており，その他の霊長類と哺乳類には喉頭運動野と直行繊維がともになく，発声運動は**帯状回**（cingulate gyrus）から PAG への経路により支配される。イヌ，ネコ，マカクサルを用いた動物実験で PAG を電気刺激すると呼吸運動，開口運動に引き続いて発声が誘発されることが繰り返し調べられており，PAG が喉頭のみならず一連の発声運動の中枢であることが確認されている [21]。ヒトにおいても有声音の発話タスクで PAG の血流増加が認められており，PAG の活動性は帯状回や下前頭回と正の相関を，1 次聴覚野と負の相関を示すことが示されている [22]。

　PAG は大脳辺縁系と呼ばれる系統発生学的に古い神経系を構成する帯状回，扁桃体，海馬体などの**情動回路**とも呼ばれる領域からの投射を受ける。したがって，動物の発声運動中枢である PAG はヒトにおいては情動発声の中枢とみなすことができる。音声生成と知覚との関連性を調べるにあたり，発声運動系の皮質下構造と聴覚上行路との関係は未解決の問題として特に興味深い。脳神経系に属する脳幹の運動・知覚神経核の間には非特異的な神経連絡があり，各種の感覚入力は脳幹のレベルで部分混合されて感覚野における多感覚統合作用に貢献する。また，これらの下位脳幹レベルの相互連絡は反射経路を構成して乳児における原始反射として認められる。例えば，上唇をたたくと唇の突出し反射が惹起されるが，この反射は三叉神経知覚核と顔面神経運動核との神経連絡による。喉頭領域の運動神経核である擬核と聴覚系の蝸牛神経核あるいは上オリーブ核との間にも神経連絡があり反射経路をなす可能性がある。クリック音を聴覚刺激として内喉頭筋から筋電信号を記録すると，25 ms 程度（最短で十数 ms）の短い潜時で輪状甲状筋の活動ピークが出現し，聴覚喉頭反射と呼ばれる [23]。また，上丘と下丘からは PAG へ短い投射があり，動物において視覚・聴覚入力が逃避行動を解発する経路とみなされている。

114   4. 音声の中枢制御

以上のような末梢聴覚系から発声運動系への下位レベルの神経連絡が音声生成と知覚の連関においてどのような役割を果たすのかはよくわかっていない。**F0 転位フィードバック**実験において負方向の F0 変化に応答する輪状甲状筋のピーク潜時は 100 ms 程度であり[24]，この潜時は**聴覚喉頭反射**における輪状甲状筋活動のピーク潜時（25 ms 程度）と比べて明らかに長い。したがって F0 転位フィードバックの反射経路は脳幹レベルではなく聴覚連合野を含んでいる[21]とみなすことが妥当と思われる。

4.3 音声生成の聴覚フィードバック

図 4.7 に示した「言葉の鎖」の図には，発話者から出力される音声信号の分岐路として自己音声が空気伝搬を介して聴覚系にフィードバックされる過程が描かれている。この経路は，発話者も自己発話音声の聴取者であることが意図され，発話の獲得とその維持において重要な要素となることが述べられている。一方，自然な発話では図 4.8 に示した DIVA モデルにおけるように発話内容の予測に基づくフィードフォワード型の制御により実行され，聴覚と体性感覚の内部フィードバックにより誤差の有無が検出される。このような音声生成過程に介在する感覚情報の影響を実験的に調べることができれば，生成過程の特性を知る手がかりとなりうる。そのような試みは古くから実施されており，人工的に時間を遅延させた自己音声を聴取しながら発話する**聴覚遅延フィードバック**（delayed auditory feedback：DAF）の実験において，遅延音声が生成系への外乱となって発話の停滞や話速の低下などの現象を引き起こすことが知られている[26]。

このように自己音声の聴覚フィードバック経路は音声生成と知覚との関連性を調べるための一種の窓としての意義があり，最近では実時間の信号処理技術を用いて自己音声の一部に変更を加えつつ聴覚フィードバックを与える手法が考えられている。発話者の声の基本周波数（F0）を分析し，周波数に変更を加えて合成音を作成する際の時間遅れは 10 ms 程度であり，ほぼ実時間で変換

4.3 音声生成の聴覚フィードバック   *115*

できることから瞬時的な聴覚フィードバックによる発声への効果を調べること
ができる。Elman はディジタル式の音声処理装置（Varispeech, Lexicon 社）
により F0 のみを 10% 上昇させた音声を発声者にフィードバックとして与える
方法（**周波数転位フィードバック**：frequency-shifted feedback）を用いて発声
者の F0 が下降する反応，すなわち F0 を一定に保つ方向に補償される現象を
報告した[27]。Kawahara は転位フィードバックに擬似乱数による F0 揺らぎを
与える解析的な手法（**変換聴覚フィードバック**：transformed auditory feed-
back：TAF）を用いて補償反応の遅延時間が 122 ms であることを測定してい
る[28]。その後，F0 転位フィードバックを用いた実験が数多く行われ，反応遅
延時間が 150 ms 程度であることなどから聴覚連合野を介したフィードバック
回路を想定でき，フィードバック過程で生じる誤差を補正する仕組みについて
の理解が進められている[29]。また，同様の実時間音声処理を単語発話時の母
音フォルマントに施して調音動作において補償反応が生じることも報告されて
いる[30]。さらに，周波数転位フィードバックと脳イメージングを組み合わせ
た研究も行われ，転位フィードバックによる第 1 フォルマントの反応潜時が
135 ms であり，両側の上側頭回（STG）の後部において誤差検出が行われる
ことなどが示唆されている。以上のような実験における発話者の反応として
は，フィードバック信号の転位パラメータ（例えば声の高さ）の変化に吸い込
まれるように応答する場合（following response）と，その逆に話者の意図し
たパラメータを維持するように逆向きの方向に応答する場合（compensatory
response）とがありうる。これまでの多数の実験において観測される話者の反
応の多くは後者の場合であり，発話者の意図した信号を維持するべく転位を補
正するようなフィードバック機構が存在することを意味している。しかし，無
視できない頻度でパラメータ変化に同調する following response が観測され，
そのフィードバック現象については明らかな説明がなされていない。

　自然の状況では意図したと発話とフィードバックされた音声とは内容におい
て同一であり，確認されることがあっても瞬時的な補正処理の必要は生じな
い。自己発話音声が聴覚野で処理されないことは脳イメージング研究において

116   4. 音声の中枢制御

も確認されている[30]。知覚心理学では発話内容は脳内で生成系から知覚系に
フィードバックされる機構が想定され，遠心性コピーあるいは**関連放射**
（corollary discharge）と呼ばれている。遅延聴覚フィードバックや変換聴覚
フィードバックの実験において外乱信号は遠心性コピーとの間に大きな誤差を
生じるために音声生成の制御に影響を与える。そのような脳内フィードバック
機構の実態を確認することも音声生成と知覚との関連性を調べるうえで研究対
象になりうると思われる。

　なお，周波数転位フィードバックの経路が聴覚連合野を介する回路とみなさ
れおり，図4.9に示した下丘とPAGからなる短いフィードバックループ回路
の可能性の有無は現時点で考慮されていない。聴覚連合野経由の回路が支持さ
れる根拠の一つは反応潜時の長さ（150 ms前後）にあると考えられる。この
反応潜時の時間的構成について部分的にわかっていることは，末梢運動系と聴
覚上行路における遅延時間であり，誤りを恐れずに計算するならばおよそ以下
のようであると推測される。

- 末梢運動系：筋電信号に上昇から声の高さの上昇までの遅延時間は約
  40 msであり，末梢運動神経における遅延時間が無視できるほど短いとみ
  なせば脳幹の運動神経各核の応答からF0変化が生じるまでの遅延時間に
  ほぼ等しい。
- 末梢聴覚系：ヘッドホンを用いる実験では空気伝搬による遅延を無視で
  き，内耳における進行波の遅延（1 ms以下）もほぼ無視できる。中間潜
  時反応の研究によると，刺激開始から1次聴覚野に至る最短時間は約
  40 msと推定されている。

以上より，1次聴覚野までの遅延と末梢運動系の遅延を合わせた時間は
80 msであり，観測される転位フィードバック潜時の約半分の長さであること
を考えると，連合皮質経由の回路の妥当性は否定しにくい。もし下丘から
PAGへのフィードバック回路を想定すると，刺激開始から下丘への遅延時間
は聴性脳幹反応による研究では約10 msであり，末梢運動系の遅延時間を足し
合わせた50 msの時間長は観測された反応潜時と比べて長く，この短いフィー

ドバック回路による説明は難しい。

4.4 音声知覚の運動説とミラーニューロン説

4.4.1 音声知覚の運動説

音声生成と知覚の関係について，たえず議論され続けてきた仮説に音声知覚の運動説がある。**音声知覚の運動説**（motor theory of speech perception）は，音声知覚において音声生成の運動系の役割が必須であるとする心理学上の仮説であり，音声の音響学的特徴と知覚された音韻との間に1対1の対応関係がみられず，それがなぜかという疑問に対する一つの解釈として提唱された。サウンドスペクトログラフやパタンプレイバックを用いた研究により明らかになった子音と母音が結合した際の音響的特徴は，**調音結合**という運動系の特性を反映して周囲の音韻によって変化することを明らかに示してしている。例えば，語頭の有声破裂音は後続する母音に依存して第2フォルマントの開始周波数が異なり，後続する母音の調音が子音を特徴づける**フォルマント遷移**を支配する。このような観測は，音声聴取によって直接惹起される聴覚系の信号があいまいであることを意味し，これに対して音声生成における調音動作は声道の閉鎖という明らかな運動と感覚の実体がある。Haskins 研究所の Liberman らは，音声知覚の目標は音響信号から音韻を同定することではなく，音声生成における調音動作の**不変性**（invariance）を復元することであると理由づけた。しかし，そのメカニズムについては明らかでなく，その後の筋電計測をおもな手法とする音声生成研究に引き継がれた。

音声知覚の運動説に従うならば，音声知覚の本質は音声知覚の心理学的研究の対象になりにくいことを意味する。したがって，**音声知覚の聴覚説**（auditory theory of speech perception）を支持する心理学者による激しい反論を招いた。先天性疾患や脳梗塞による発話運動障害をもつ患者であっても，発話運動領域に一時的な麻酔をかける実験によっても，音声知覚の能力が保たれる。これらの反証に応じるかたちで運動説は改変されることになるが，当初の強い運

118   4. 音 声 の 中 枢 制 御

動説は現在においても音声研究の重要な問題の一つとして生き続けている。
Liberman により提唱された音声知覚の運動説には時期的に隔たった二つの理
論があるという理解が一般的であり，最初の理論を「強い運動説」，つぎの理
論を「弱い運動説」と呼ぶことがある[32]。以下に音声知覚の運動説の変遷の
経過をまとめておく。

〔1〕 **強い運動説**   Liberman により最初に発表された 1967 年の運動説[33]
は，音素知覚の不変性の理由を調音の**運動指令**（motor command）にあると
推論した。「音声符号の知覚」と題された論文において，**音素知覚**は音素とい
う符号を解読するための特殊な復号作業であり，音素の不変性を復号する機構
が音声生成過程にあって，受聴された音素信号を調音器官への運動指令に関連
づける作業であるとするモデルを提唱した。当時のサウンドスペクトログラム
を用いた音声の音響分析から得られたことは，音声の構成要素と考えられる音
素区間を取り出した場合，その区間に対応する音声波形は周囲の音素環境によ
り大きく変動し，音素区間中の音響パタンと弁別知覚される音素との間に対応
関係が乏しいという問題であった。この問題が指摘する内容は調音結合の現象
であり，子音に挟まれた母音の音響パタンは子音の調音位置に従って変動する
ため，母音区間を切り出した部分音声からはそれぞれの母音の弁別性を保証す
る音響特徴が認められない。子音についても同様に，子音区間とみなされる部
分音声は共鳴周波数の過渡特性を示すのみで子音固有の物理的特徴が希薄であ
り，つねに後続母音の結合を必要とする。すなわち，子音と母音の調音が時間
的に混合されて生成された音声信号からそれぞれの素性を弁別しうる音声知覚
の現象を音素区間の信号のみで説明することが難しいという問題であった。

図 4.10（a）は「強い運動説」において示された英語音節 /di/ と /du/ の
フォルマント遷移図であり，音節頭部の約 50 ms に相当する /d/ の子音調音
区間において共鳴周波数の過渡的変化は二つの音節で大きく異なる。第 1 フォ
ルマントの上昇は有声音の手がかりとして両者に共通しているが，調音位置の
手がかりとなる第 2 フォルマントの遷移部は /di/ で 2.2 kHz から上昇する一
方，/du/ では 1.2 kHz から下降し，周波数上の共通性が認められない。

4.4 音声知覚の運動説とミラーニューロン説

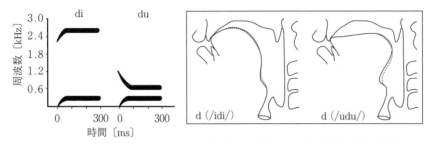

（a） /di/ と /du/ のフォルマント曲線　　（b） /idi/ と /udu/ における /d/ の調音

図 4.10　歯茎音 /d/ で始まる単語 /di/ と /du/ のフォルマント遷移図と対称的な VCV 音節における語中の /d/ にみられる調音結合．（a）「強い運動説」といわれる初期の文献[33]に含まれる図．（b）声道形状の計算モデルにより調音結合における舌形状を推定した文献[34]より改変した図．実線は X 線映画撮影，破線は計算結果における 2 次元形状を示す．

図（b）は運動説を支持するための資料ではなく，調音結合の初期研究として知られる Öhman による X 線映画撮影資料[34]の一部を比較のために抜き出してある．この図において，/idi/ と /udu/ の発話における語中子音 /d/ の調音において舌尖が歯茎に接触する点が共通であるものの，舌全体の形状には前後の母音に対応して大きな相違が認められる．これらの図を比べて推測できることは，Liberman が想定した運動指令はおそらく子音の調音位置を実現する舌先と歯茎部の接触動作に関連している．到達目標に向かって緩やかに変化する動作を考えてみた場合に，運動開始位置の遠近に関わらず一定のバネの力が与えられれば，運動体は時間の経過を待てばいずれ目標に到達する．Liberman の意味した運動指令をそのような到達目標への調音筋の収縮力の組合せの定型，すなわち「運動指令の内部表象の原型」と読み直すならば「強い運動説」は今でも成立しうる．しかし，調音運動のようなたえず変化するすばやい運動ではそのような原則は成立せず，運動の開始と終始の位置的・時間的距離に応じて筋収縮力を変化させなければならない．単音節を発話したときに筋電計測法により記録された舌筋の母音に対応する信号強度[35]を比較すると個々の母音に対応する特徴的なパタンを確認できるが，連続発話における筋電信号からはそのような特徴的なパタンを認めることができない．そのほかにも「強い運動説」への反証は多く，運動指令の学習が成立しえない調音運動障害

120　　4. 音 声 の 中 枢 制 御

をもつ聴取者においても音声知覚が可能であるなどの事例が提示された。

〔2〕 **弱い運動説**　　1967 年の運動説から約 20 年を経て 1985 年に発表された新しい運動説[36]では，その間の研究成果に従い「強い運動説」に向けられた数多くの反証に応えるべく改訂が施された。現在「音声知覚の運動説」と呼ばれる理論はこの改訂版を指しており，「強い運動説」に対して「弱い運動説」とも呼ばれるが，必ずしも主張内容が後退したとは思われない。新しい運動説では以前の「運動指令の復元」が「意図した**音声学的動作**（phonetic gesture）の検出」に変更され，その作業に特化した構造として**音声学的モジュール**（phonetic module）を想定する。そして，このモジュールには動作と音響パタンとの対応関係が組み込まれており，音声の音声学的構造はこのモジュールを介することにより初期知覚印象を解析することなく知覚されると主張する。Liberman らは論文の冒頭において以下の 2 点を述べて新しい運動説を定義している。

- 第 1 の主張：音声知覚の対象は発話者の意図した音声学的動作であり，調音器官の動作を呼び出すための動作指令の脳内表象であるとして，動作指令の例として舌の後退，唇の突出し，下顎の閉口などをあげることができる。これらの動作は弁別素性の組合せというよりも動作という事象の属性であり，直接の知覚対象は意図した特異動作のパタンであるとする。

- 第 2 の主張：音声生成と知覚とは同一の不変性特徴を共有することにより密に連携する。この連携は学習により獲得されるものではなく，生得的であって発達過程で自然に発現する性質のものであり，生成と知覚とを自動的に連携させる特殊な発話知覚モードが存在する。

新しい運動説については賛否を含めて広く解説されているため改めて詳説する必要はないと思われる。1985 年の論文は「強い運動説」への批判を考慮して記載された項目のみを短く取りあげる。

- 調音結合の問題：音声知覚を理解するうえで，音声生成機構と関係を無視できないという点を運動説の理論的立場として強調する。調音結合は音声にみられる重要な特徴であり，音声信号と音声学的動作との複雑な関係を

意味している。音声知覚のどのような理論も調音結合を生じる音声学的動作と音声信号との関係を軽視することはできない。

- 音声知覚の聴覚説からの反論：運動説による音声知覚の説明に対して，理解の筋道は一般的な聴覚理論の延長線上にあるべきであるとする多くの反論があって，新しい運動説ではそれぞれに反証を加えている。第1の反論は一般的な音の知覚に従い音響信号の聴覚像の形成と音声学的ラベルの原型との照合との段階からなるという2段階説であり，この反論に対してはフォルマント遷移部を周波数変調音として知覚することはなく，聴覚説は聴覚像から音を判別する過程があいまいで範疇知覚を説明できないとして反証する。第2の反論は音声信号の短時間スペクトルには音声の識別に利用しうる明らかな弁別的なパタンがあるという反論であり，これに対しては部分的に欠損した，あるいは歪んだ自然の音声についても音声の不変的な属性を知覚しうるという事実をあげて反証する。第3の反論は「強い運動説」の代名詞ともなっている "Speech is special (in humans)." と主張する箇所であり，これに対して聴覚説では音の分析は動物の聴覚にも共通し言語音に特化することがなく，例えば動物においても**声立て時間**（voice onset time：VOT）を識別できるなどと反論する。VOTは破裂から母音開始までの音の不連続区間であり，有声音と無声音を識別する手がかりであることは多くの言語で示されている。調音運動や調音結合の目標は聴覚系の特性に合致した言語に依存しない聴覚パタンを生成することであり，この点で聴覚説も音声生成に基づく理論から切り離すことができないと反証する。

4.4.2　音声知覚のミラーニューロン説

音声知覚の運動説については賛否両面から論争が続いており，解決をみることがないように思われる理由の一つとして，それらの議論が心理学論争であるという点があげられる。いずれか一方の議論を支持する心理学的事象を列挙しても最終結論が得られないという状況は，研究を継続するための原動力には

122   4. 音声の中枢制御

なっても研究を終結させることにはつながらない。また，研究の方向性につ
いていうならば，運動説の結論をみるには脳内のどの場所に運動説の主張する実
体としてのモジュールがあって，どのように応答するのかという疑問について
明らかな証拠を示して実証する必要がある。そのような機運に応じて音声知覚
の運動説の検証に援用された神経生理学的知見に，以下に述べる**ミラーニュー
ロン説**がある。

　ミラーニューロンは，マカクサルの下前頭回に発見された知覚反応細胞とし
て知られる。この神経細胞はマカクサルが手でエサをつまむときに活動するだ
けでなく，ヒトが同じ動作をしてみせたときにも活動するという[37]。すなわ
ち，その神経細胞は自己の身体運動の発現においてだけではなく，他者による
身体運動を視覚刺激として与えた際にも同様に反応する。その後，感覚統合に
関わる下頭頂葉にも同様の活動性を示す細胞も発見され，運動と知覚の照合を
行うネットワークが存在することを示す証拠とみなされている。ヒトにおける
ミラーニューロン様の反応も同じ研究グループにより調べられており，**経頭蓋
磁気刺激法**（transcranial magnetic stimulation：TMS）による実験から他者が
ものを掴むときの手の動作を観察するなどの実験タスクにおいて1次運動野の
活動性が高まること，PETを用いた実験により同様のタスクで**上側頭溝**
（superior temporal sulcus：STS）と**下前頭回後部**（Broca野）の血流が増加す
ることなどが報告されている。また，音声知覚の運動説がミラーニューロン説
と近縁関係にあることについても早い時期に言及されており[38]，ヒトのBroca
野の尾側部はサルのF5と細胞構築において相同であることを根拠として，こ
の部位が他者の音声と自己の音声学的動作とを照合するミラーシステムである
ことが示唆された。これらの研究により，音声知覚のミラーシステムに関わる
脳イメージングあるいはTMSによる研究が急激に増加し，実験結果の説明に
は音声知覚の運動説が頻繁に引用されるほかに，ミラーニューロン説と音声知
覚の運動説の比較に関する解説記事も多くみられる[39]。

　Broca野が発話の運動中枢であるだけではなく書字の運動中枢ともいえるこ
とは古くから知られていた。図4.6に示したように，Broca野と側頭葉を結ぶ

経路は二つあり，音声知覚の二重経路モデル（dual-stream model）として知られる。第1の背側路（dorsal stream）は2次聴覚野（BA22）の上部とBroca野の弁蓋部（BA44）とを結ぶ弓状束であり音韻処理の経路とされる。第2の腹側路（ventral stream）は2次聴覚野（BA22）の下部とBroca野の三角部（BA45）を結ぶ鉤状束であり意味処理の経路と考えられている。音声知覚のミラー説の主張する運動照合の経路は背側路であり，Wernicke = Geschwindモデルにおける復唱と音読の伝導路に一致する。知覚対象が音声であることから**エコーニューロン**システムという用語が用いられることもある[40]。

　言葉と道具の使用はヒト固有の高次機能であり生物機能の共進化の観点からもミラーニューロン説は興味深い。**図4.11**は言葉と道具の使用について皮質の共有機能を考察した総説[41]から引用した図であり，弓状束の担うミラー回路を説明している。この図において，弓状束の起始である**側頭葉後部**（PTC）はWernicke野と上側頭溝（STS）後端を含む領域であり，視覚の腹側路から運動の意味情報を受け取るとともに音声の音韻情報を処理する感覚統合の領域とみなすことができる。**下頭頂小葉**（IPL）は**角回**（BA39）と**縁上回**（BA40）

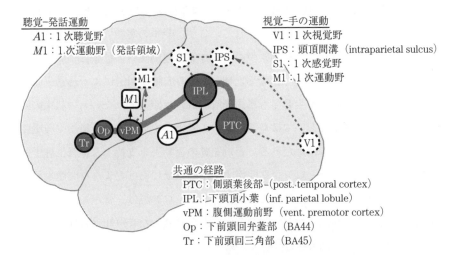

図4.11 ミラーニューロンシステムを構成する皮質領野。発話運動と手の運動の知覚に関わるミラーニューロンシステムについて構成要素となる共通構造を示した図（文献[41]より改変）。

124   4. 音声の中枢制御

を含む領域であり，体性感覚，視覚，聴覚の多感覚情報を統合する頭頂連合野を構成する。弓状束は前頭葉に向かい Broca 野（BA44，45）に至りミラー回路をつくる。腹側運動前野（vPM）の尾側部はマカクサルの F5 に相当する部位とされていることから，この図では Broca 野とは区別されている。この図を掲載した論文の主旨は，言語の起源を道具の製作との関連性に求める仮説への一つの提案であり，単に Broca 野と F5 との相同性や Broca 野におけるミラー応答のみに基づくミラーニューロン説の説明よりもわかりやすく説得力があるように思われる。

　ミラーニューロン説は最初の発表以来発展し続けており，「運動の理解」という機能は模倣や共感などを説明する仕組みとしても拡張されようとしている。その反面，ミラーニューロン説のヒトにおける拡張については，「運動の理解」の定義があいまいであるほかに，過去の報告におけるいくつかの問題も指摘されている。本来の他者運動の理解については，PET による研究において他者動作の知覚により Broca 野の血流増加が認められるが自己の動作時には検出されず，ミラーニューロン説の定義する動作の実行と理解における活動の重なりの条件が満たされていない。TMS による研究では1次運動野の活動亢進あるは筋活動の出現などが報告されているが，サルの実験ではそのような活動が生じない。ミラーニューロン説の音声知覚の運動説への拡張についての問題は運動説そのものの問題と重なる。Broca 野の広範な損傷による運動失語において文の理解に障害を生じても単語理解の障害は顕著ではない。弓状束の障害とされる**伝導失語**においては発話に際する障害が主体であり，錯語や復唱障害を生じるが単語理解は保たれる。音声知覚の運動説を支持する神経生理学的証拠としてミラーニューロン説を援用するには以上にあげたような問題を解決しなければならない。同時に，このミラーニューロン説は，音声知覚の運動説を痛烈に批判する諸説に対して，音声生成から独立した音声知覚の理論がありうるか否かという疑問も投げかけている。

4.5 ま と め

　第4章は音声情報交換に関わる脳の構造および音声知覚の運動説を取りあげた。脳機能も心理学も著者の専門分野ではなく，教科書的な事実を網羅する意図があったわけでもない。あえて音声に関わる脳機能を調べる理由を探すならば，音声知覚の運動説の議論にあったといってもよい。著者の周辺において音声生成研究はつねに音声知覚の運動説に関わりをもって進んできた。長く従事した音声生成に関する筋電計測研究にもそのような背景があった。音声知覚の心理学的理論としてはおそらく今でも聴覚説が一般的であり，運動説はむしろ理解しにくい。しかし，心理学を超えて運動説にその存在理由となる根拠があるとすればそれば脳の中にあって，音声生成と知覚を結ぶ神経連絡に直接的に関連する。そのような理由から，本章では関連する脳の構造を中心に取りあげた。

　著者自身にとって脳機能を理解する方法は，ヒトの脳の構造に従って音声事象の証拠を見出す作業にほかならない。単に生成と知覚に関連するそれぞれの領域の同時活動を見出すことではなく，工学的な神経回路網にゆだねることでもない。話し言葉は言語の形式を音に変えて思考と情報交換の手段に用いられ，その能力は聴覚器官と発声発語器官の形態と機能に強く拘束される。話し言葉に関わる脳の働きはこれらの末梢器官によって支配されるといってもよい。

　脳に関する謎解きには，生成と知覚に関わる皮質間の連絡だけでなく皮質下の各層との繊維連絡に対応関係を求める必要がある。皮質レベルでは生成に関わる島皮質前部に対応する聴覚関連皮質の有無，皮質下のレベルでは中脳の発声中枢と聴覚上行路との機能的関係などが明らかにされるとよい。また，脳機能障害における脳損傷部位と機能欠落との対応関係も参考になる。脳機能イメージング法として一般的な機能的 MRI（fMRI）は皮質における空間分解能や皮質下構造の活動検出能の点で改善の必要があるかもしれない。本章では研究例の選択にあたり PET を用いた報告を優先した。PET は fMRI と比較して

126   4. 音声の中枢制御

計測原理が単純であって誤りが生じにくく，高次元の統計処理を駆使して処理
された結果よりも理解しやすいという理由にほかならない。

引用・参考文献

1) Yeatman, J. D., Weiner, K. S., Pestilli, F., Rokem, A., Mezer, A., & Wandall, B. A.
(2014) The vertical occipital fasciculus : a century of controversy resolved by in
vivo measurements, Proc. National Academy of Science, U. S. A., **111** :
E5214-E5223.

2) Flechsig, P. (1901) Developmental (myelogenetic) localization of the cerebral
cortex in the human subject, Lancet, **2** : 1027–1029.

3) Loukas, M., Pennel, C., Groat, C., Tubbs, R. S., & Cohen-Gadol, A. A. (2011)
Korbinian Prodmann (1868–1918) and his contributions to mapping the cerebral
cortex, Neurosurgery, **68** : 6–11.

4) Penfield, W., & Roberts, L. (1959) Speech and Brain Mechanisms, Princeton, N.
J. : Princeton University Press.

5) Dronkers, N. F. (1996) A new brain region for coordinating speech articulation,
Nature, **14** : 159–161.

6) Fujimura, O. (1992) Phonology and phonetics : a syllable-based model of articula-
tory organization, J. Acoust. Soc. Jpn. (E), **13** : 39–48.

7) Kent, R. D. (2000) What dysarthrias can tell us about the neural control of speech,
Journal of Phonetics, **28** : 273–302.

8) 藤村 靖 (2007)『音声科学言論：言語の本質を考える』，東京：岩波書店.

9) Eickhoff, S. B., Heim, S., Zilles, K., & Amunts, K. (2009) A systems perspective on
the effective connectivity of overt speech production, Philosophical Transactions
of the Royal Society, A, **367** : 2399–2421.

10) Allen, G. I., & Tsukahara, N. (1974) Cerebrocerebellar communication systems,
Physiological Review, **54** : 957–1006.

11) Posner, M. I., & Raichle, M. E. (1994) Images of Mind, Scientific American Library.

12) Friederici, A. D. (2011) The brain basis of language processing : From structure
to function, Physiological Reviews, **91** : 1357–1392.

13) Hickok, G., & Poeppel, D. (2007) The cortical organization of speech processing,
Nature Reviews Neuroscience, **8** : 393–402.

14) Sepulcre, J. (2015) An OP4 functional stream in the language-related neuroarchi-

引　用　・　参　考　文　献　　127

tecture, Cerebral Cortex, **25**：658–666.

15) Danes, P. B., & Pinson, E. N. (1993) The Speech Chain：The Physics and Biology of Spoken Language, 2nd edition, Oxford：W. H. Freeman and Company.

16) Miller G. A. & Nicely, P. E. (1955) An analysis of perceptual confusions among some English consonants, J. Acoust. Soc. Am., **27**：338–352.

17) McGurk, H., & MacDonald, J. (1976) Hearing lips and seeing voices, Nature, **264**：746–748.

18) Guenther, F. H. (1994) A neural network model of speech acquisition and motor equivalent speech production, Biological Cybernetics, **72**：43–53.

19) Maeda, S. (1990). Compensatory articulation during speech：Evidence from the analysis and synthesis of vocal tract shapes using an articulatory model, In W. J. Hardcastle, & A. Marchal (eds.), Speech Production and Speech Modeling (pp. 131–149), Boston：Kluwer Academic Publishers.

20) Guenther, F. H., Ghosh, S. S., & Tourville, J. A. (2006) Neural modeling and imaging of the cortical interactions underlying syllable production, Brain and Language, **96**：280–301.

21) Jürgens, U. (1994) The role of the periaqueductal gray in vocal behaviour, Behavioral Brain Research, **62**：107–117.

22) Schulz, G. M., Varga, M., Jeffires, K., Ludlow, C. L., & Braun, A. R. (2005) Functional neuroanatomy of human vocalization：An $H_2^{15}O$ PET study. Cerebral Cortex, **15**：1835–1847.

23) Udaka, J., Kanetaka, H., & Koike, Y. (1991) Response of the human larynx to auditory stimuli, In M. Hirano, Kirchner, J. A., & D. M. Bless (eds.), Neurolaryngology：Recent Advances, (pp. 184–198), San Diego, CA：Singular Publishing.

24) Liu, H., Behroozmand, R., Bove, M., & Larson, R. C. (2011) laryngeal electromyographic responses to perturbations in voice pitch auditory feedback, J. Acout. Soc. Am., **129**：3946–3954.

25) Larson, C. R., Burnett, T. A., Kiran, S., & Hain, T. C. (2000) Effects of pitch-shift velocity on voice F0 responses, J. Acout. Soc. Am., **107**：559–564.

26) Lee, B. S. (1950) Some effects of side-tone delay, J. Acoust. Soc. Am., **22**：639–640.

27) Elman, J. (1981) Effects of frequency-shifted feedback on the pitch of vocal production, J. Acoust. Soc. Am., **70**：45–50.

28) Kawahara, H., Kato, H., & Williams, J. C. (1996) Effects of auditory feedback on

F0 trajectory generation, Proceedings of ICSLP 96, 1 : 287–290.

29) Larson, C. R., & Robin, D. A. (2016) Sensory processing : Advances in understanding structure and function of pitch-shifted auditory feedback in voice control, AIMS Neuroscience, 3 : 22–39.

30) Purcell, D. W., & Munhall, K. G. (2006) Adaptive control of vowel formant frequency : Evidence from real-time formant manipulation, J. Acoust. Soc. Am., 120 : 966–977.

31) Creutzfeldt, O., Ojemann, G., & Lettich, E. (1989) Neuronal activity in the human lateral temporal lobe : II. Responses to the subjects own voice, Experimental Brain Research, 77 : 476–489.

32) Miller, G. A. (1981) Language and Speech, New York : W. H. Freeman and Company. 無藤，久慈 訳 (1983)『入門 ことばの科学』，誠信書房.

33) Liberman, A. M., Cooper, F. S., Shankweiler, D.P., & Studdert-Kennedy, M. (1967) Perception of the speech code, Psychology Review, 74 : 431–461.

34) Öhman, S. E. G. (1967) Numerical model of coarticulation, J. Acoust. Soc. Am., 41 : 310–320.

35) Baer, T., Alfonso, P. J., & Honda, K. (1988) Electromyography of the tongue muscles during vowels in /əpvp/ environment, Annual Bulletin of the Research Institute of Logopedics and Phoniatrics, 22 : 7–19.

36) Liberman, A. M., & Mattingly, I. G. (1985) The motor theory of speech perception revised, Cognition, 21 : 1–36.

37) Rizzolatti, G., Fadiga, L., Gallese, V., & Fogassi, L. (1996) Premotor cortex and the recognition of motor actions, Cognitive Brain Research, 3 : 131–141.

38) Gallese, V., Fadiga, L., Fogassi, L., & Rizzolatti, G. (1996) Action recognition in the premotor cortex, Brain, 119 : 593–609.

39) Lotto, A. J., Hickok, G. S., & Holt, L. L. (2008) Reflections on mirror neurons and speech perception, Trends of Cognitive Science, 13 : 110–114.

40) Rizzolatti, G., & Craighero, L. (2004) The mirror-neuron system, Annual Review of Neuroscience, 27 : 169–192.

41) Stout, D., & Chaminade, T. (2012) Stone tools, language and the brain in human evolution, Philosophical Transactions of the Royal Society, B, 367 : 75–87.

第5章

音声の個人性と共通性

5.1 鍵のかかった問題

音声の音響的特徴は個人ごとに異なるにも関わらず話し言葉において共通の音声学的情報を交換できる。この意味で，音声の個人性と共通性は音声による情報交換を支える基本条件であると思われる。この二つの問題はともに古くから扱われてきたにも関わらず，現在においても十分に解決されたとはいえない。本章では，この不可解な問題を解決するためにどのような筋道があるかを考えたい。

音声が媒介する情報には言語情報とパラ言語情報のほかに非言語情報があるといわれる。この第3項目は著者が**生物学的情報**と呼ぶものであり，音声生成器官の形と大きさによって自然に生じる性質をもち，基本的には発話者の意思により左右されることがない。この生物学的情報は発話者が誰であるかを知らせる個人性の信号であり，発話者にとっても聴取者にとっても状況の認知や対話の成立に欠かせない。音声の個人性は単に大人と子供という体の大きさに由来する性質だけではなく，大人の発話者の声であっても個人の判断は可能であり，おそらく音声内容の識別より先に判断される。しかし，話し言葉の中でたえず変化する音声信号の中にどのようにして特定の**個人性情報**を埋め込むことができるのかという疑問に答えを出すことは難しく，音声生成器官を構成する要素を一つずつ調べるような努力が必要ではないかと思われる。

音声の個人性の生成要因を考える際に，個人ごとに異なる音声信号がどのよ

うにして共通性をもつかという問題も同時に考慮しなければならない。同じ言語集団において話し言葉により言語情報を交換するには，媒体としての音声信号に共通性が備わっていなければならない。大人と子供の母音は声の高さや共鳴周波数の点で大きく異なり，そのような音波の物理的な相違にも関わらずどのようにして個人差を吸収し共通性を確保するのかという疑問については，**母音の正規化**（vowel normalization）の問題として長い間にわたって議論されてきた。

　以上のように考えると，音声の個人性と共通性の問題は同時に扱う課題のように思われる。しかし現実には個別の問題として扱われ，いずれも簡単な方法で解決できる種類のものではなかった[1]。音声の個人性が音声生成過程により生じることは明白であるにも関わらず，生成機構における因果関係が明示されていない。これはおそらく，単純化されすぎた従来の声道音響モデルではこの問題を解くことができなかったためであり，音声生成の音響理論を含めて深く再検討する必要がある。**音声の共通性**は母音の正規化に関連して周波数パラメータの操作により知覚判断境界を求める手段がとられたが，共通性の処理機構の過程を十分に理解できるまでには至っていない。

　上述のように音声の個人性と共通性という音声についての長い歴史をもつ疑問はいまだに解けていない。もちろんこれらを未解決の問題とみなすことは著者のバイアスにすぎないかもしれない。しかし，この二つの問題は音声分析と知覚実験をおもな手法として調べられてきているにも関わらず，著者にとってはいずれについても本質がみえてこない。例えば人体構造が解剖学的な事実によって理解されるように，暗黙の事実として認めうるだけの証拠が示されなければならない。その証拠を脳イメージングにより聴覚皮質を求める試みもあるが，現時点で十分な説得力があるようには思われない[2]。そこで，音声生成機構の面から個人性と共通性を一つの関連問題として扱うことにより鍵を解く手がかりが得られることを期待して，以下に著者個人の推測を含めていくつかの可能性を示しておきたい。

5.1.1 過去の母音研究から

音声の個人性と共通性を同時に扱おうとしたと思われる戦前の国内研究がある．電気試験所（産業技術総合研究所の前身）の高橋と山本は，電気機器の騒音試験のための音響機器を用いて日本語母音の音響分析を行い，図5.1に示す母音の**特性周波数領域**と**個人音色周波数領域**を求めた[3]．

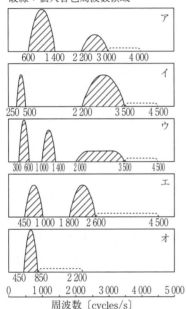

図5.1 日本語母音の特性周波数領域．初期の音声研究における母音のスペクトル分析の図[3]．成人男女の母音フォルマントと個人性情報が占める周波数範囲が示されている．cycles/s は Hz の意味．当時は Hz という単位はなかった．

この分析には「野口式の波形分析器」と「日本電気の電気式周波数分析器」を用いたと記されている．前者は Henrici の調波解析器（Henrici's harmonic analyzer）にならった機械式装置と思われ，オシログラムに写した1周期分の音声波形から調波成分の振幅強度の計算に必要なフーリエ調和解析パラメータを読み取る装置であり，後者は小林式周波数分析器とも呼ばれるヘテロダイン方式の周波数分析装置であって電気機械式のサウンドスペクトログラフの原理に似た方法が用いられている．高橋と山本は，男女話者ごとに母音の周波数分

132　5. 音声の個人性と共通性

析を行いそれぞれの平均的な調波構造の包絡を求めたうえで，男女の母音に共通する特性周波数領域を図に示した。さらに，高域成分を遮断する電気的な濾波実験により個人音色周波数領域を求めて図に加えた。特性周波数領域は当時フォルマントの同義語として英語圏で用いられた**特徴周波数領域**（characteristic frequency region）の意味と思われ，図中ではピーク周波数ではなく周波数範囲として示されている。この図でフォルマントの数は母音ごとに異なり，フォルマントはいくつあるのかという当時の議論と符合する。個人音色周波数帯域はフォルマントより高い周波数帯域に示されており，「オ」を除けばその帯域の上限は 4 〜 4.5 kHz にある。

　この図からわかることは，母音の韻質も声の個人性も音の響きの特徴とみなして当時の音響技術により分析を試みようとしたことであり，その背景として，当時の音声学においても個別の課題ではなく同時に理解すべき対象であったことが推測される。

　母音フォルマントの問題に並んで母音の正規化の問題もその当時に議論されており，千葉と梶山の『母音論』でも扱われている[4]。『母音論』は当時の母音についての理論論争に最終的な結論を出したうえで，母音フォルマントがどのようにして成立しその数はいくつあるのかという疑問に対して音響管の定在波と声道の音響計算により理論的に答えた。続く母音知覚の章では母音の正規化の問題を取りあげて音の知覚実験を行っている。実験にはサイレン音と電気的フィルタによって人工的な音を合成し，聴取実験により知覚像の変化とその境界を求めた。おそらく千葉と梶山は複合音に対する聴覚機構の特性を理解したうえで，母音の正規化の問題に答えを出そうとしたのではないかと想像される。しかし，母音知覚についての明らかな結果は示されてはおらず，母音生成理論の明解さに対比して母音知覚の章は不思議な印象を与える。おそらく戦争の拡大により研究成果を早くまとめて海外に発送する必要があったためと思われ，聴覚機構を視覚機構になぞらえたうえで Fletcher による聴覚の**空間時間パタン説**[5]を引用して，スペクトル包絡全体に母音知覚の要因を求める空間パタン説として結論づけている。

5.1.2 音声の個人性および母音の正規化の要約

〔1〕 音声の個人性　音声の個人性という言葉の意味する実体は多岐にわたっており，広義に解釈すれば話し言葉に用いる言語や方言，発話様式のような社会言語学的要因なども個人ごとの音声の特徴に含まれる。ここで取りあげる個人差は，生物学的情報として随意制御の対象とならない音声生成の特質を意味する。音声の個人性については，その後の研究において年齢や性別に関連した音源と声道に由来するさまざまな音響的要因が知られている。鈴木は話者の身体的特徴と音声との間にどのような相関があるかに注目して内外の研究資料を数多く調べている[6]。そして，個人性情報の起源を有声音源の特性と声道形状の特徴に分けたうえで，基本周波数とフォルマントにみられる個人性情報がどのような身体的特徴と相関するかについて説明を試みている。調査した研究からわかることは，身体的・生理的特徴の音声への反映は大きいものではなく，より基礎的なあるいはミクロの研究が欠けているとする意見を述べている。

音声の個人性特徴の要因については本シリーズでも取りあげられているため[7]，以下にその要約をまとめておく。

- 声の高さ（F0）：声の高さはおもに声帯の長さの発達に従い，子供，女性，男性の順に低くなり，加齢により女声で低く男声で高くなる。
- 母音フォルマント：声道の長さの発達に従い，同様に子供，女声，男声の順に低くなり，加齢により女声男声ともに低くなる。
- その他の音源要因：声の揺らぎ，雑音成分，スペクトル傾斜についても個人差があり，声帯病変の指標にもなる。
- その他のスペクトル特性：高い周波数領域のスペクトル包絡に個人差がある。

比較的最近の研究では，周波数領域の問題については，母音フォルマント領域より高い周波数領域に個人性特徴を見出すことができることが繰り返し確認されている。この高い周波数領域は第3章に述べたように下咽頭腔により形成されるため，下咽頭腔共鳴を個人性生成の一つの機構とみなすことができる。

一方，母音の低次フォルマント（F1 と F2）の領域内の個人差については，F1 −F2 平面上の母音空間における子供と男女成人の差[8),9)] として，あるいは声道の長短に対応した**フォルマント拡散度**（formant dispersion）[10)] として知られている。また，調音の動的な個人性についてはJohnson による X 線マイクロビーム実験があり，単語中の母音について調べ，母音の持続時間のほかに母音の tens/lax の対比において舌と下顎の高さに個人差を認めている[11)]。これらの個人差のほかにどのような個人性特徴を見出すことができるのかについては報告されていないように思われる。

〔2〕 **母音の正規化**　　音声の共通性については，母音に共通のフォルマント領域を想定すると，母音間でフォルマントの重なり合う領域が広がるために母音の判別に誤りを生じることになる。この問題を回避すべく数多くの正規化法が提案されてきており，基本周波数（F0）とフォルマント周波数を対比させる方法などがとられている[12)]。以下に各種の正規化法をまとめる。

- F0 の影響：F0 を変更した合成母音による聴取実験で母音の識別境界が変化する。
- 高次フォルマントの影響：F0 変更効果より小さいが，F3 を変更すると母音の識別境界が変化する。
- フォルマント比の効果：母音知覚にはフォルマント周波数の絶対値ではなく F1 と F2 の比が用いられる。

ここで，大人と子供が同じ母音を発声したときの 1 周期の波形を比較したと仮定して母音の正規化を考えてみる。子供の母音波形は周期が短い。また，フォルマントに対応する波形の起伏の周期も短く，大人の母音の波形の時間軸を短縮した波形に近い。そのような近似波形を同種の信号とみなす機構が聴覚系にあるならば母音の正規化を説明できるかもしれない[13)]。視覚と同様に特殊感覚としての複雑で多階層の処理機構をもつ聴覚系にとって，時間情報と周波数情報を統合してそのような問題を解くことは容易なことのようにみえる。また，母音の低次フォルマント（F1 と F2）はいわば F0 と F3 によって囲まれており，連続音声中の F3 の分布は F0 と相関が高い傾向がある。したがって，

F0 と F3 を比較の基準として F1 と F2 の比を計算することも聴覚系に備わった能力の一つと考えたとしても不自然ではないと思われる。

5.2 音声の個人性特徴と生成要因

5.2.1 高い周波数領域の特徴

千葉と梶山の『母音論』[4]の中に現在では使われることのない**喉頭共鳴**（laryngeal resonance）という言葉が現れる。その当時の母音研究の課題の一つは声道共鳴の数の問題であり，『母音論』ではその問題を説明する箇所において Lewis の報告[14]を引用し，4 kHz までの周波数帯域に四つのフォルマントと一つの喉頭共鳴があるとしている。Lewis はオシログラムと Henrici の調和解析装置を用いて 1 名のバリトン歌手による 5 母音の波形についてフォルマント周波数と帯域幅を分析した[14]。**図 5.2** に母音 /i/ と /a/ の部分スペクトルを示す。Lewis は歌唱ビブラートにより生じる高調波の揺らぎを利用してフォルマントピーク周辺のスペクトル包絡を求めると，どの母音にも 3.2 kHz の共鳴があることを認めて，各母音に共通した固定腔共鳴の由来として喉頭内腔の単

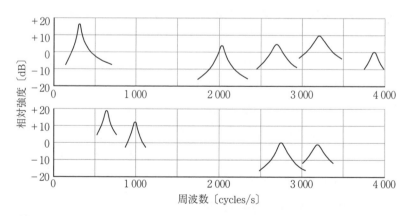

図 5.2 Lewis による母音 /i/（上）と /a/（下）のスペクトル分析[14]。男声の歌唱ビブラートを利用してフォルマント周辺の包絡曲線を描いた 5 母音の資料より 2 母音を抜き出したもの。フォルマントは母音ごとに変化するが 3.2 kHz 近傍のフォルマントはすべての母音に共通してほとんど同じ周波数に現れる。

管共鳴でありうることを記載している。

Lewis に先行して，Bartholomew は，同様に Henrici の装置を用いて男性歌手の歌声を分析して**高域フォルマント**（high formant）の存在を示している[15]。このフォルマントは，声種に関わらず2.8 ～ 2.9 kHz に認められ，ファルセットを除いて男声につねに存在することから，固定化された管腔における多重反射に起因すると説明している。その共鳴部位として声門から喉頭蓋ひだまでの喉頭内腔を想定し，その管長を3 cm とすれば共鳴周波数は2.8 kHz となるとしている。また，この周波数は聴覚感度を高める**外耳道共鳴**の周波数に一致することから，優れた歌声の要素としての意義を指摘している。このような歌声にみられる高い周波数領域のスペクトルピークは，現在では**歌唱フォルマント**（singing formant）[16]と呼ばれる強い共鳴ピークの中核をなすと考えられている。歌唱フォルマントは Bartholomew が推定したように，喉頭前庭に位置する短い管が声道全体の共鳴とは独立して共鳴するために，歌唱調音における声道形状変化の影響を受けにくく，男声にあって女声には認めにくい歌声のスペクトル特徴として理解されている。**喉頭腔共鳴**は洋楽歌唱のみならず，邦楽における「能」の声にも顕著に認められる[17]。

〔1〕 **個人性要因としてスペクトルの高周波領域**　　スペクトルの高域に個人性特徴が含まれることについては国内における研究が多い。おそらく海外においては個人性という問題を扱いにくい社会的状況があるためと思われる。音声の個人性の知覚に母音における高い周波数帯域が寄与することは古井らにより報告されている[18]。当時の電話通話帯域は3.5 kHz 以下に制限されていたが，通話においても個人を同定できることからその帯域に重要な個人性情報が含まれていることが示唆されていた。古井らは男性話者の単語音声の個人性知覚と種々の物理量との関係を調べて，時間平滑化したスペクトル包絡において2.5 ～ 3.5 kHz の帯域と心理的距離の相関が高いことを示した。

後続研究では，音源特性と声道特性のいずれが個人性知覚により寄与するかを比較する研究が行われ，高い周波数領域の貢献度が調べられた。伊藤らは声道特性と音源特性を分離して種々の組合せで合成音を作成して話者の同定を行

い，発話者を熟知した聴取者による知覚実験では，声道特性の寄与が大きいことを示している[19]。Kuwabara らは同様の分離合成音に周波数伸縮操作を加えて個人性がどの程度保存されるかを調べて，個人性知覚が F0 変化には頑健であること，フォルマント周波数の変化に対して個人性が保存される範囲がきわめて狭いことを報告している[20]。

北村らは，男性話者が発話した短母音を対象として，スペクトル包絡に対する置換操作が個人性知覚に及ぼす効果を調べている[21]。その結果，音声の個人性はスペクトル包絡の全帯域に現れるが，2.2 kHz 以上の高域により多く現れること，F3 以上の帯域におけるピークが話者識別に寄与することを報告した。また，母音ごとに調べると母音 /i/ と /e/ ではピークの効果が顕著ではないことも調べている。

〔2〕 **下咽頭腔共鳴**　最近では MRI による声道の 3 次元計測に基づく研究が行われ，スペクトル包絡の高域を形成する構造が声道下部に位置する下咽頭腔にあることがわかってきている。第 3 章で説明したように，下咽頭腔は**喉頭腔**（正しくは上喉頭腔）と左右の**梨状窩**に分かれている。喉頭腔は声門直上にある左右の喉頭室と細長い喉頭前庭管からなり，短い洞部と長い首部をもつ **Helmholtz 共鳴器**の形に似ている。下咽頭腔の形状は母音調音による影響の少ない領域であり，普通の話し声ではほぼ固定腔とみなすことができるため，母音変化によらない個人性の特徴を生成する声道領域とみなすことができる[22]。男性の喉頭腔は MRI により喉頭腔の Helmholtz 型の形状を確認され，音響計算により共鳴周波数が 3 ～ 3.5 kHz にあって観測データとも一致することが調べられている。また，梨状窩は声道の分岐管として働き，4 ～ 5 kHz の周波数範囲に深い反共振の谷をつくるほかに，反共振周波数に近い第 5 フォルマントを下降させる。

以上の知見から推測される男声における声道領域とスペクトル包絡の領域との対応関係を**図 5.3** に示す。図中の声道断面積関数において声門側の狭まった区間が喉頭腔に相当する。下咽頭腔にはそのほかに左右の梨状窩が含まれるがこの図では示していない。声道断面積関数から声道アナログ回路モデルに

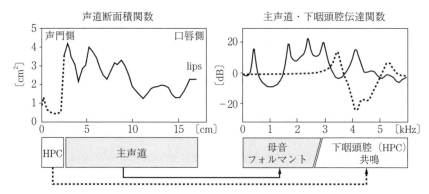

図 5.3 男声話者の日本語母音 /e/ における声道断面積関数と声道伝達関数との関係。左の声道断面積関数は 3 次元 MRI データより求め，下咽頭腔（HPC）を破線で，主声道を実線で示す。梨状窩の断面積は左図中では示されていないが，右図の下咽頭腔の伝達関数の計算（破線）には含まれており，声道の分岐管として零極対をつくり，4～5 kHz の帯域における反共鳴の谷と 5～6 kHz の帯域におけるピークを認める。

従って近似計算することにより声道の伝達関数を求めることができる。この図では声道を二分し，声門から中咽頭腔の下端（図中の破線部分）までの区間を梨状窩を含めた**下咽頭腔**（hypopharyngeal cavities）とし，喉頭腔の開口端から唇までを**主声道**（vocal tract proper）としている。喉頭腔の開口端が図のように狭まった状況では仮想音源が開口端の位置にあると近似できるため，主声道の断面積関数から母音の低次のフォルマントを求めることができる。下咽頭腔の共鳴特性を求めるには，梨状窩を分岐管として喉頭腔開口端における反射を無視して計算すればよく，破線で示した喉頭腔共鳴のピークと梨状窩の反共鳴の谷をもつ伝達関数が得られる。二つの伝達関数より，5 kHz 以下の帯域に五つの声道共鳴があり，そのほかに約 3 kHz に喉頭腔共鳴のピークがあることがわかる。実際の声道共鳴のスペクトル包絡は二つの伝達関数が加算されたものとなり，喉頭腔共鳴が声道共鳴の周波数に近い場合には一つ大きなピークとなる。

左右の梨状窩については長さの点で左右差を認めることが普通であり，二つの反共鳴の谷が現れると期待されるが，スペクトル包絡上では必ずしもそうではなく一つの谷しか認められないことがある。この問題については 3 次元の音

響シミュレーションによる報告[23]があり，左右の梨状窩内の気柱が連成振動することにより単一の反共鳴がつくられる可能性を示している。

　以上をまとめると，男声においては，母音のスペクトル包絡曲線上で，5 kHz 以下の帯域に五つないし六つの共鳴ピークと一つないし二つの反共鳴の谷をもつことになる。このうち，音声の個人性の知覚に大きく寄与する固定腔の要素としては，第3，第4フォルマントと相互作用する喉頭腔共鳴のピーク，および梨状窩による反共鳴の谷に向かう急激な傾斜部に移動した第5フォルマントが考えられる。

5.2.2　女声の個人性の問題

　前項に述べた男声にみられる個人性の生成要因は多くの例に適用できると考えられる。梨状窩が例外的に長い話者では反共鳴の谷が母音フォルマント領域に移動して複雑なスペクトル包絡を呈することがあるが，そのような例は多くない。女声における下咽頭腔共鳴は男声の場合とは様相を異にする印象があり，今後の検討を要する。下咽頭腔共鳴の男女差についての研究は乏しいが，男女1名ずつについて比較した著者らの報告がある[24]。この研究では，日本語5母音の MRI データから**声道実体模型**を作成して，白色雑音を音源とした音響実験により喉頭腔共鳴と梨状窩反共鳴を調べた。男声の場合には，喉頭腔共鳴も梨状窩の反共鳴も音響効果は図5.3と同様に周波数軸状で限局的である一方，女声の場合にはいずれの効果も広い周波数に及び，母音フォルマントにも影響を与える。考えられる理由としては，女性話者の声道が短く声道閉鎖端付近の形状がスペクトル包絡を大きく左右することが想像される。また，女性話者では喉頭腔の開口部が広く喉頭室が狭いように観測されることから，喉頭腔は Helmholtz 型ではなく単管に近く，梨状窩との音響的結合が生じうることも考慮される。

　そのような女性の下咽頭腔共鳴を調べるための準備として3名の女性被験者の声道計測と声道実体模型を用いた音響実験を試みている[25],[26]。**図5.4**（a）は女性3名の声道断面積関数を求めて男性1名のデータと比較した図を示して

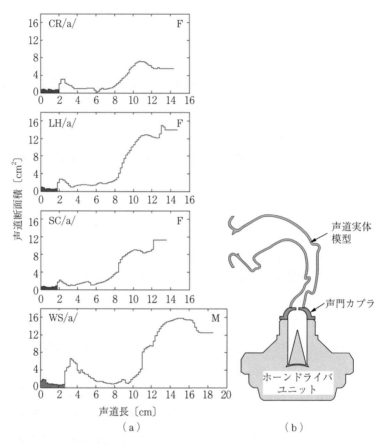

図 5.4 声道模型の断面積関数と模型実験の設定[25]。(a) 母音 /a/ における女性3名 (F) と男性1名の声道断面積関数。喉頭腔の領域が塗りつぶされている。(b) 声道模型実験に用いるホーンドライバユニットと声門カプラ。声門カプラに設けた小孔のサイズにより喉頭腔共鳴のon-offを決めることができる。

いる。女性の喉頭腔の長さは約 1.6 ～ 1.8 cm であり，男性の 2.5 cm に比べて明らかに短く，喉頭室が確認しにくく直管に近い。音響実験の方法は先行研究[23]にならって，図 (b) に示すようにホーンドライバユニットに声門カプラを介して声道実体模型を接続して白色雑音により駆動する。記録した信号からスペクトル包絡を求めて雑音音源のスペクトルを差し引くことにより声道伝達関数に近いスペクトル包絡を求める。喉頭腔共鳴の有無を模擬するために声

5.3 母音フォルマント領域における個人性特徴 　*141*

門カプラに設けた小孔のサイズを変更し，声門閉鎖条件では小孔を直径
1.2 mm の円とし，開放条件では 3 mm（男性の声道では 4 mm）とする。

　以上のような設定で記録された喉頭腔共鳴の on-off を反映するスペクトル
特徴を**表5.1** に示す。女性の声道模型の実験から得られた喉頭腔共鳴の中心
周波数は 3.7 ～ 4.0 kHz の範囲にあって通話帯域を超えるが，喉頭腔の長さか
ら単純に推定される周波数よりは低い。女性の喉頭腔の共鳴帯域の広がりは共
鳴の鈍さを意味し，男性の場合とは対照的に女性では鋭い共鳴ピークを生じな
いことが推測される。この結果は試験的ではあるが，スペクトル高域における
女声の個人性は喉頭腔共鳴だけではない可能性を示唆している。また，女性に
歌唱フォルマントを認めにくい傾向とも符合する。

表5.1　喉頭腔共鳴の中心周波数と周波数範囲（母音 /a/ の場合）

話者	性別	喉頭腔の長さ	共鳴中心周波数	共鳴周波数帯域
CR	F	1.8 cm	3.7 kHz	3.0 ～ 4.5 kHz
LH	F	1.75 cm	4.0 kHz	3.3 ～ 4.6 kHz
SC	F	1.6 cm	3.8 kHz	3.5 ～ 4.5 kHz
WS	M	2.5 cm	2.5 kHz	2.0 ～ 2.8 kHz

5.3　母音フォルマント領域における個人性特徴

　現在までの研究において音声の個人性は母音フォルマント領域より高い周波
数領域に現れるとみなされている理由の一つは，発話において母音フォルマン
トがたえず変動するために個人性特徴を抽出することが難しいという点にあ
る。したがって，スペクトルの低域にみられる個人性については明らかになっ
ていない。しかし，随意制御できない音声生成の構成要素のなかで母音フォル
マントに影響を及ぼしうると思われる要因はいくつか考えられる。以下に，そ
のような要因として下顎の開口度と軟口蓋を介する鼻腔共鳴の個人差を取りあ
げ，さらに舌の相対的な大きさの個人差に由来する調音運動速度の変異につい
て説明を試みる。

5.3.1 固定腔・硬性器官の効果

〔1〕 口腔顔面形態の人種差と下顎運動の個人差　発話運動の場となる解剖領域は口腔顔面の硬性器官であり，その形は潜在的に言語の使用と言語音の体系に関わっている．仮に，言語集団に共通する形態学的な特異性が言語体系に反映するとしたら，その要因を探ることも音声研究の範疇であるが，この問題を扱うことは現代的ではなく古い資料に頼らざるを得ない．図 5.5 は，そのような資料を掲載した解剖学書[27]に基づいて日本人群と白人群における口腔顔面の発達の相違を示した．この図は形態人類学的方法により分析したX線規格写真資料を比較したものであり，矢印で示された発達の過程が下顔面における差として認められる．トルコ鞍を原点として**フランクフルト平面**（Frankfurt plane）上で規格化した場合の年齢変化を比較すると，図（b）のように下顎下縁（gnathion）は白人では下前方に発達するのに対して，日本人では真下に向かって発達する．

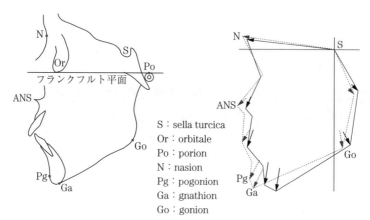

（a）　頭部 X 線規格写真の計測点　　　（b）　日本人（実線）と白人（点線）の顔面頭蓋の比較

図 5.5　頭部 X 線規格写真による日本人と白人の思春期にいたる形態発達の比較[27]．（a）形態人類学的計測点の名称とフランクフルト平面（眼窩下縁と外耳道上縁を通る平面）．（b）トルコ鞍中心（sella turcica）を原点とした各計測点の年齢変化の比較．フランクフルト座標においては日本人の下顎・下顔面は下方に向かって発達する．

下顎骨には年齢差と個人差が顕著にみられる。小さな下顎は顔の幼形特徴であり，成熟とともに下顎は大きく背が高くなる。オトガイ部の前突は男性成熟の特徴となるが，老齢化において下顎は再び小さく低くなる。また，上顎との均衡が崩れて下顎が発達すると咬合の個人差としても現れる。図5.5からは，日本人は白人と比較して顔面骨が後方位にあり下顎骨のオトガイ部が後方に位置することがわかる。仮に，下顎が回転のみによって一定の角度で開口する場合を想定すると，下顎が後方に位置する話者では開口に際して下顎骨後方の空間にある軟組織のために下顎の開口動作が制限される。日本人の下顎が後方に位置する傾向があるならば，日本人の発話において下顎の運動範囲が小さい傾向をある程度説明しうる。

下顎の発達は食性により変化するため，現代人では図5.5に示されたような人種差は顕著ではないかもしれない。事実，後述の図5.14にみられるように正中部の**下顎結合**（mandibular symphysis）の形には人種差よりも個人差が大きい。したがって，図5.5は個人差の対比として読み取ってもよく，下顎結合が後位にある話者で開口運動が小さく，前方に位置する話者では開口運動が大きい傾向をある程度の範囲で予測できる。

〔2〕　**鼻腔共鳴の個人差**　　**鼻腔**と**副鼻腔**は音声生成器官に含まれる固定腔であり，**図5.6**に示すように鼻粘膜の膨張と収縮の可能性を除けば音響学的に安定した付属腔と考えられる。

鼻音や鼻母音においては軟口蓋の下降によって**鼻咽腔開口部**が開放すると声

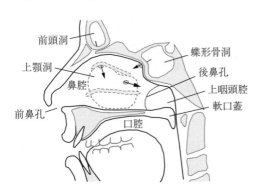

図5.6　鼻腔と副鼻腔。鼻腔は上咽頭の位置では単一の腔であるが後鼻孔から前鼻孔にかけては鼻中隔により左右に分かれている。左右一対の副鼻腔は小孔を介して固有鼻腔に開口する。図に示した蝶形骨洞，上顎洞，前頭洞はHelmholtz共鳴器として近似できる。このほかに数多くの蜂巣からなる篩骨洞があるが，構造の複雑さのためにモデル化が難しい。

道と鼻腔とが結合して，その結果としてスペクトルが変化する。**鼻音**では，口腔が閉鎖されるために咽頭腔と鼻腔とが連結した音波伝搬経路が主体となって口腔閉鎖の後方に位置する領域が分岐管となる。このために鼻腔共鳴の特徴がスペクトルに現れるが，鼻腔の吸音特性のために $200 \sim 300\,\mathrm{Hz}$ の**鼻腔音**（nasal murmur）が強調される。母音フォルマント領域は弱く平坦なスペクトルとなり副鼻腔によるスペクトルの微細構造が出現する。副鼻腔の容積は生後の発達過程により個人差が大きくスペクトル構造にも個人差が生じる[28]。鼻母音では，音波の伝搬経路は口腔と鼻腔に二分され，二つの伝搬経路の間に長さの差が生じて特定の周波数で鼻腔と口からの放射音が相殺されて音圧が減衰する。その結果，スペクトルに反共鳴を生じて母音フォルマント周波数にも影響を及ぼし，二つの伝搬経路の長さに応じた個人差が生じる。鼻腔と副鼻腔の共鳴に由来する個人差は広い周波数帯域のスペクトル包絡に生じるが，高い周波数帯域のスペクトルは減弱するため聴感上の個人差が生じるか否かは疑問であり，むしろつぎに述べる軟口蓋に効果による鼻腔共鳴の大きさの個人差が優勢になると推測される。

〔3〕　**軟口蓋の個人差**　　**軟口蓋**は硬性器官ではなく軟組織からなる調音器官であるが，音響的な透過性を備えた器官として**鼻腔共鳴**に個人差を生じる要因になりうる。従来の一般的な鼻腔共鳴の理解とは別に，鼻咽腔開口部の閉鎖を伴う**口音**においても鼻腔共鳴の強度変化があることが知られている[29]。有声閉鎖音あるいは狭口母音において，声道の口腔部は閉鎖ないし狭小化して，閉鎖後部の声道内で音圧変動が強化される。軟口蓋はその音圧変動に応じて振動して鼻腔に音を伝える。その結果，鼻腔共鳴が引き起こされ前鼻孔から放射される。この音響効果は**経軟口蓋鼻腔結合**（transvelar nasal coupling）と呼ばれる[30]。MRI により軟口蓋を観察すると，形だけでなく厚みにも個人差が認められ，前鼻孔からの放射音強度に個人性をもたらす要因になると考えられる。

5.3.2 舌の運動速度の個人差

発話様式の個人差として滑舌の良し悪しあるいはめりはりというような一般的表現が用いられることがあり，発話の明瞭性にある種の個人差があることが推測されている。舌の動きが機敏でない場合には音声の聴感にも反映し，構音運動障害における音声の特徴にもなる。仮に健康な話者において舌の動き方に差を生じる要因があるとすれば，口腔・咽頭の大きさに比べたときの舌の大きさに個人差があるという状況が考えられる。したがって，**相対的な舌の大きさ**の測度により個人差の要因をパラメータ化しうると考えられる。これまでに舌の相対的な大きさの個人差は歯学における歯列形成の問題や構音障害学における巨舌症の問題に関連して取りあげられるとともに，麻酔科学においても麻酔手技における注意事項として扱われてきた。**図5.7**は，麻酔挿管の困難さに関わる要因として舌の大きさを肉眼評価するために用いられた分類法であり，**Mallampati分類**と呼ばれている[31]。この分類法は口腔・咽頭に対する相対的な舌の大きさの評価基準であるが，分析的研究への用途としては客観性に欠けるきらいがある。舌の相対的な大きさは，示数化の難しい問題として残るとともに，音声生成の基礎分野でも計測対象としては扱われてこなかった。しかし，舌の大きさの個人差は発話観測実験においてデータのばらつきを生じる潜在的要因となりうる点で注意すべきであり，X線マイクロビーム装置あるいは

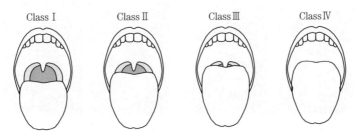

図5.7 麻酔挿管の難易度を評価するための Mallampati 分類。口を開いて舌を前に出した状態で観察される舌と口蓋咽頭弓との位置関係を4分類したもの。口腔・咽頭に対する舌の相対的な大きさの肉眼評価法でもあるが，口蓋弓の高さにも個人差があるために信頼性の高い方法とはいえない。

146   5. 音声の個人性と共通性

磁気センサシステムにより舌口腔面上の動きを追跡する際に、舌の大きさの相違は最後部の標識位置の設定に系統的な差を生じうる。このために、発話観測データを規格化するうえで、舌の大きさの個人差は一つの問題として考慮に入れなければならない。

舌の相対的な大きさは MRI によって観察でき、比較的簡単な方法で示数化することができる。図 5.8 は日本人話者 24 名を含む MRI 母音発話データベースより、声道と対比して舌の相対的な大きさに差の大きい男女話者 4 名の MRI 正中矢状面像を示している。この画像からわかることは、舌と声道腔の大きさは必ずしも並行して変異するわけではなく個人差があり、小さい舌は声道腔内を大きく移動するが大きい舌は変位が小さいことが推測される。さらに、そのような舌運動の個人差はフォルマント遷移の様相にも反映してスペクトル変化率の差として分析できるかもしれない。舌の大きさの個人差は調音計測実験においてばらつきを生じる要因でもあり、磁気センサシステムによる運動計測において舌口腔面の形状変異を吸収できるような舌運動の解析方法が必要であることも示唆される。

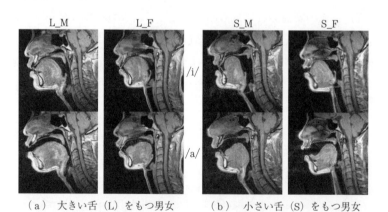

(a) 大きい舌 (L) をもつ男女   (b) 小さい舌 (S) をもつ男女

図 5.8 舌の相対的な大きさの個人差。日本人 24 名の 5 母音発話時の MRI データより、持続母音 /i/ と /a/ にみられる舌の相対的大きさの対比を示したもの。大きい舌をもつ話者では舌は丸みを保ち、/i/ で咽頭腔が狭く、/a/ では口腔が狭い。小さい舌 (S) をもつ話者では /i/ で咽頭腔が広く舌咽頭面が直立し、/a/ で広い口腔をもつ。

舌の相対的な大きさと舌の運動速度　舌の調音運動の場は口唇前庭と下咽頭腔を除いた口腔と咽頭の空間であり，この空間内で舌は自由に動くことができる．口腔・咽頭に対して舌が相対的に大きい場合には舌の可動範囲が狭くなり，逆に舌が小さいならば運動範囲は拡大する．このようにして舌の動き方の個人差は音声の**動的個人性**として音響的な差を生じうる．著者らはこのような舌の運動特性を決める要因として**舌の相対サイズ**（relative tongue size：RTS）という示数を MRI により求めて，単語発話における舌の運動速度と比較する試験的な分析を試みている[32]．

図 5.9 に舌の相対サイズを 2 次元の MRI データに基づいて計測する手順を示す．まず，**口蓋平面**（palatal plane）により規格化した正中矢状断面において母音 /i/ を発話したとき舌と口腔・咽頭の領域をトレースする．つぎに，**オトガイ腱**の基部を通る水平線より上方に位置するそれぞれの領域に対して，RTS =（舌の面積）/（舌・口腔・咽頭の面積）を計算する．舌の運動速度を求めるには，tagged MRI と呼ばれる発話同期の動画撮像法を用いる．この撮像法では動画撮像の開始時に低輝度の格子状パタンを組織にマークするため，舌の変形を格子の歪みとして記録できる．そのようにして記録した動画データか

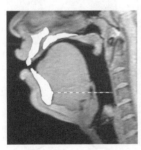

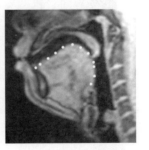

（a）母音 /i/ の静止画と　（b）舌（上）と　　（c）舌表面上の標識点
　　　境界線　　　　　　　　口腔咽頭（下）

図 5.9　舌の相対サイズ（RTS）の計測と舌面標識点．（a）歯列を加えた母音 /i/ の MRI 静止画．破線は RTS 計測の下限を示す境界線を示している．（b）RTS を求めるための舌面積と口腔・咽頭面積の抽出．（c）特殊動画撮像法（tagged MRI）により得られる舌表面の標識点を通常の同期動画撮像法の画像の上に標識点を重ねたもの．動画の各フレームにおいて舌の口腔面だけでなく咽頭面の動きも追跡できる．

ら舌内組織にマークされた格子線が舌表面と交差する点を追跡することにより，舌表面の移動速度を求めることができる．

図 5.10 は，3 名の中国語女性話者が単語 /mudi/ を発話したときの舌咽頭面上の標識 2 点の平均速度の推移を求めた例であり，各話者の RTS 値とともに示してある．この図より，RTS 値を指標として比較するならば，舌の小さい話者 SC では舌の移動が速く，舌の大きい話者 ZC，ZY では舌の移動が遅いことがわかる．この試験結果は母音から母音への舌の調音運動が口腔・咽頭の枠組みに影響されることを意味しており，調音器官全体の構造が**調音運動の個人性**（articulatory idiosyncrasy）の要因となりうることを示唆している．RTS の音響特徴への反映については，高域スペクトルの個人性特徴の定常性とは対照的であり，極端母音間の移行に際してより強く現れる母音フォルマント移動量の局所的増大として観測されることが予測される．このような舌の調音運動を

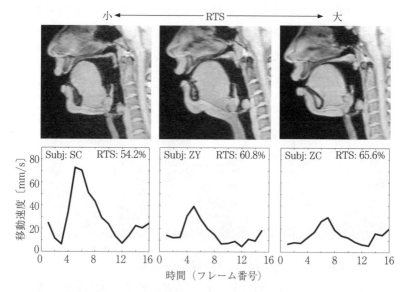

図 5.10 中国語単語 /mudi/ の発話における 3 名の女性話者（SC，ZY，ZC）の舌咽頭面の移動速度．発話同期法を用いた tagged MRI により観測された舌咽頭面の指標の追跡により速度分布を求めたもの．動画再構成後のフレーム速度は 30 frames/s．RTS 値は舌の相対的な大きさの示数で，舌の最も小さい話者 SC で舌の移動速度が最も大きい．

5.4 音声の共通性の生成要因 149

制限する枠組みが子音調音にどのような効果として現れるかは今後の研究課題として残っている。

5.4　音声の共通性の生成要因

　前節では音声に含まれる生物学的情報の由来を随意制御の及ばない生体要因とみなして，それらの要因をどのようにして見出すことができるかについて推論した。音声の個人差は基本周波数や母音フォルマントにみられるように個人ごとに異なる音声生成器官の形と大きさを反映するが，それらの音響パラメータは固定ではなく音声信号の中でたえず変動する。したがって，音声は発話者の体の形と大きさを反映すると同時にある範囲で身体的な制限を逸脱できる調節機構をもっており，同一の言語集団における情報交換を可能にするためにそのような調節機構に基づいて音声の共通性を確保していると考えられる。発達の過程では咽頭腔は伸長し続けて声道の枠組みとなる全体形状が変化して，その変化に応じて調音の調節機構は変化し続けるという可塑性をもっており，仮に生得的な調音の規範パタンがあったとしてもそれは変更を余儀なくされる。また，母親の幼児語や声優のつくり声を想像するだけでわかるように，基本周波数と母音フォルマントは体の形と大きさの規範的な値を超えて変化しうる。もしそのような音声の変異を実現する生成的要因を分析できるとしたならば，音声の共通性がどのようにして維持されるかを知る手がかりになると思われる。

5.4.1　声道長の調節要因

　声道長は幼児，女性，男性の間で大きく異なり，フォルマント拡散度に反映する[10]。声道長の年齢変化は欧米の文献では若年成人までの計測に限られるが，年齢に応じて声道が伸長することが知られている。最近の国内研究では，成人後にも声道は延長し続けることがわかっている[33]。加齢による声道の伸長は喉頭の下降によるものであり，舌骨の下降と喉頭軟骨の下降という二つの要因により咽頭腔が特異的に伸長する。声道の長さは一定ではなく，喉頭の高

さを決めることによって随意的に調節することができる。喉頭の高さを調節する機構は第2章に示したように舌骨を取り巻く多くの筋にあり、声道長は女性で2cm程度、男性で3cm程度変化しうる。

図5.11に示す声道の下端に位置する喉頭腔の形状も音響的に等価な声道長を調節する要因となりうる。喉頭腔は2〜2.5cmの長さをもち、喉頭腔の前庭部が十分に広ければ喉頭腔は音響的に声道の一部であるが、ささやき声におけるように前庭部が著しく狭くなれば、声道の実効的な閉鎖端は喉頭腔の開口端であり、喉頭腔の長さの分だけ短縮して母音フォルマントが上昇する[34]。同様の対比は女性と男性の喉頭腔においてもある程度確認でき、女性の単管に近い形状に対して男性ではHelmholtz共鳴腔の形であり、その頸部にあたる喉頭前庭を狭小化することにより実効的な声道長を短縮することができる。さらに、喉頭前庭が狭小化したときの声道閉鎖端は喉頭腔の開口端ではなく梨状窩の底部である可能性を考慮する必要がある。梨状窩は高い声で短縮するとともに狭小化して閉鎖端を高い位置に移動させるので、この効果も実効的な声道長の調節要因となりうる。したがって、声道長の調節機構は喉頭の上下動だけではなく下咽頭腔の形状変化の要因も含めることができる。

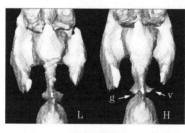
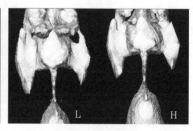

　　　　（a）地声　　　　　　　　　（b）ささやき声

図5.11 地声とささやき声における下咽頭腔の形状変化。それぞれの発声を低い声（L：90 Hz）と高い声（H：120 Hz）で発声したときの喉頭MRIから気道の3次元形状を抽出したもの[34]。図中のgは声門、vは喉頭室を示す。ささやき声ではそれぞれの声の高さを目標として発声した。

5.4.2　声道形状の調節要因

　発話者ごとに形の異なる音声生成器官によっても情報交換に求められる母音の共通性を確保することできる理由は，おそらく声道形状の調節機構に高い自由度あるいは冗長性があって母音ごとのフォルマントパタンを生成するためにある程度の範囲で異なる声道形状をとることができるためと思われる。

　音声学的な母音の高さは音響的には第1フォルマント（F1）に対応するとされ調音においては舌の高さに対応すると考えられているが，英語母音の /ɪ/ と /e/ の舌の高さはしばしば逆転することが知られ[35]，調音的変異と音響的安定性との間の複雑な関係があることが示唆されている。日本語母音の /i/ と /e/ の対比をつくるための調音手段を考えてみると，/i/ と同じ舌形状を保って下顎を開口させて半広母音に近い /e/ とする方法と下顎の位置を保って舌を後退させて半狭の /e/ とする方法がありうる。後者の場合には，/i/ における舌形状の形成に必須とされるオトガイ舌筋の水平部と斜部のうち，水平部のみの収縮を停止させて舌上面の両側部を下降させ口蓋接触から離脱させることができる。

　同様に音声学的な母音の前後位置は第2フォルマント（F2）に対応づけられ，舌の後退により F2 が下降するとする説明が一般的であるが，英語の /u/ では唇の突出しと舌の前後位置との間に相補的な関係がみられることがあり[36]，口唇も副次調音器官として F2 の調節に用いられる。日本語の /u/ は唇の突出しのない狭口中舌母音であるが，/u/ の韻質を強調する場合には唇の突出しと舌の後退により F2 を下降させて後舌の母音とすることができる。日本語の /a/ と /o/ の対比において唇の役割は不可欠であり，/a/ における舌の位置を後退させて唇に狭めを加えて /o/ とする方法と /a/ の舌形状を保ったまま非円唇型の突出しにより /o/ とする方法とがありうる。軟口蓋も /a/ の調音に関与することがあり，下顎を開いた状態で鼻咽腔のわずかに開くことにより /a/ の高い F1 をつくる。鼻咽腔開口部をわずかに開くと F1 より低い周波数に極零対が生じて F1 の周波数を高い位置に移動させる。この軟口蓋を用いた日

本語母音 /a/ の調音は調音の個人差としてかなりの頻度で認めることができる。したがって /o/ との対比をつくるためには，鼻咽腔開口部の閉鎖と唇の突出しがあればよく，舌を後退させない /o/ の調音には唇の非円唇型の突出しが必ず用いられる。

日本語の母音は舌の位置が前にあるといわれ，X線マイクロビーム実験による日本語発話の観測において舌の後退動作に乏しい[37]。また，MRI観測では /a/ と /o/ において舌尖が前方に残り舌端の基部で**舌窩**（lingual fossa）と呼ばれる窪みをつくることがある。その理由として，唇の突出しによるみかけの後舌母音の調音である可能性があげられ，この場合には F1-F2 平面上の母音分布図から母音生成時の舌の位置を推測することが難しい。

5.5　音声の共通性の生成要因

5.5.1　母音の正規化

声道長の異なる話者の間でフォルマント周波数の母音分布が異なっても話し声による情報交換において同じ母音の韻質を共有することができる。これは母音の正規化と呼ばれ音声の個人性と並んで音声研究における謎の一つに数えられ，工学領域においても**話者正規化**の問題として議論されてきた。母音の正規化は，異なる話者の音声から同じ母音を同定する際に，明らかに異なる物理特徴量の組合せから個人ごとの母音フォルマントのばらつきを吸収して話し言葉を理解するための前提条件の一つとされ，音声聴取における特殊な能力として，古くから音声知覚の研究対象となっている。

母音フォルマントの男女差は F1-F2 平面上で容易に確認できる。**図 5.12**（a）は日本語の母音フォルマント周波数の分布を示した一例であり，成人男女話者においてフォルマント周波数（F1 と F2）に大きな差がみられる。このように異なる母音のフォルマントパタンから母音を混同することなく知覚できる理由はなぜかという点が母音の正規化において重要な問題とされてきた。フォルマント周波数という声道形状の特徴を反映した物理量は聴覚系において

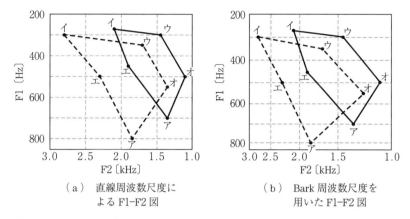

(a) 直線周波数尺度に
よる F1-F2 図

(b) Bark 周波数尺度を
用いた F1-F2 図

図 5.12 日本語の母音フォルマントの F1-F2 プロット図。(a) 直線周波数尺度と (b) Bark 周波数尺度を用いた非正規の母音空間を示した。日本音声言語医学会編『声の検査法：基礎編』(1997) より成人男声（実線）と成人女声（破線）の F1 と F2 をプロットしたもの。F1-F2 プロット図に Bark 尺度を用いると IPA 母音チャートに示されるような音声学的な母音分布の形に近づくが，描画しにくくフォルマント値を直読しにくいという難点がある。

処理されて個々の母音として識別される。第1章にも記載したように，母音知覚の過程をフォルマントパタンに求める説明は「**フォルマント由来説**」といわれ，母音の特徴が固有素性やスペクトル包絡にもあって母音の全体像を知覚対象とする説明は「**スペクトル包絡説**」と呼ばれる。これらの母音知覚理論と対比して，どのような音響特徴が母音の正規化という情報処理に関わるかという問題について数多くの研究が実施されてきている。聴覚特性を考慮するならば，例えば図 (b) に示すような Bark 尺度空間において母音空間の男女差は若干近づく。また，それぞれの Bark 周波数軸から F0 の Bark 数を差し引く作図法を用いると男女間の母音空間はさらに近づく。しかし，そのような操作は聴覚機構における正規化処理がその通りになされているか否かとは別の問題のように感じられる。以下に，母音の正規化に関わると考えられる音響特徴を高い周波数と低い周波数に分けて個人性の生成要因の特徴と対比して短い説明を試みる。

〔1〕 **低い周波数情報による正規化** 古典的な F1 と F2 のフォルマント

154   5. 音声の個人性と共通性

比（formant ratio）による母音の正規化モデルは声道の形を対象とした聴覚分析を仮定している。周波数比をとることにより声道の長さによる変動が吸収されて声道の形の変異のみが残されるため，二つのフォルマントの対数の差あるいは Bark 周波数尺度上の差が正規化法として用いられる。フォルマント比モデルは蝸牛基底膜上のフォルマント分布を正規化する仮想的な神経処理機構を前提としていると考えられ母音フォルマントの男女差を吸収することができる。しかし，F0 を大きく変化させた合成母音により母音境界が移動する現象を説明できない[38]。この問題に対する対処としてフォルマント比に F0 を加える正規化モデルがあり，母音の固有基本周波数のもたらす効果（すなわち F1 −F0 の操作により音声学的な母音の高さの対比を強調）あるいは話者情報の知覚による効果（男女差の心理的な正規化）を期待することができる。

〔2〕 **高い周波数情報を用いた正規化**   母音の第 3 フォルマント（F3）を用いて F1-F2 パタンの比をとる方法は声道の大きさの知覚を考慮した正規化モデルと考えられる。F3 は声の高さとフォルマント拡散度は喉頭と声道の大きさに由来するため発話者の年齢性別や成熟度を知覚するための指標となりうる。F3 が音声学的情報の指標となる場合は英語の /r/ 音や**舌根の調音**（advanced tongue root）などに限られ，高次フォルマント（F3 と F4）が声道長に対応する音響情報をより多く含むことから，F3 を利用した正規化モデルが数多く提案されている。F4 については声道音響モデルにおける意義が過小評価されてきたこともあって正規化モデルにおいても考慮されることがなかった。例えば，かつてのフォルマント方式の音声合成においては F4 と F5 はスペクトル傾斜を適正化するためだけに使われるパラメータであり，それぞれの周波数を 3.5 kHz および 4.5 kHz に固定すれば十分であると考えられていた。F4 については最近の研究で声道由来のフォルマントである場合と喉頭腔共鳴である場合とがあることがわかり，また母音の声質を左右することも知られている。これらの高次フォルマントは聴覚感度の高い周波数領域にあり，前述のように個人性の知覚要因になりうる。したがって，高次フォルマントの正規化モデルにおける役割は今後の研究において明らかにする必要がある。このよう

5.5 音声の共通性の生成要因　　*155*

に考えると正規化モデルに求められる母音フォルマントは低次と高次を含む五つのフォルマントであり，拡張解釈すれば**スペクトル包絡モデル**（whole spectrum model）[39)]に近づくことになると考えられる。

5.5.2　母音生成の安定性からみた母音の共通性

　母音の正規化として知られる音声知覚における母音の安定性は情報交換における重要な特性とみなされ，各母音の知覚境界を求める心理実験により解決されるべき問題として扱われてきた。そのような心理実験はヒトの聴覚特性に母音の共通性を求めようとする試みであるが，ここではあえて詳述しない。むしろ，生成面の特徴としてこの問題を取りあげ，話者の調音動作が身体物理的な個人差の制約を超えて母音の安定性を実現する過程について考えたい。そのために，発話器官の形態的な個人差としてどのような項目があるかを調べ，調音の場としての形態的個人差と母音の調音空間・音響空間の実現過程との相互関係の様相について著者の分析例を以下に説明する。

　X線マイクロビームデータの分析　　調音の場を座標化して定量的に扱うためには，調音動作を記録した実験データに対して何らかの基準平面を用いて規格化する必要がある。頭部顔面における解剖学的基準平面として眼窩下縁と外耳道上縁を通るフランクフルト平面がよく知られているように，口腔顔面領域の基準平面としては口蓋平面があげられ，**X線規格撮影法**において**前鼻棘**（ANS）と**後鼻棘**（PNS）を結ぶ直線として定義される。口蓋平面は実際には平面ではなく正中矢状面上の2点間を結ぶ直線であるが，慣例により「平面」と呼ばれる。**図5.13**は，X線マイクロビーム装置を用いた英語と日本語のデータベースにおいて内部資料として含まれる全面スキャン画像と口蓋平面に基づく規格化の方法を示している。この規格化法を用いると口蓋平面に近い口蓋形状の個人差が吸収され，口蓋平面から遠い部位のばらつきが大きくなる。

　図5.14は上記のデータベースから米国人と日本人それぞれ10名の被験者の全面スキャン画像から硬性器官のアウトラインをトレースして，その結果を男女ごとに分けて表示したものであり，調音運動の場を構成する諸器官の大き

156   5. 音声の個人性と共通性

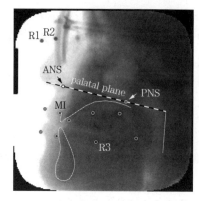
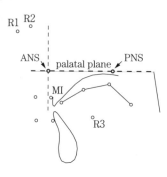

（a） 全面スキャン画像上の口蓋平面　　（b） 口蓋平面による口腔顔面座標

図 5.13　X線マイクロビーム装置を用いた口腔顔面形状の規格化法[40]。（a）全面スキャン画像における口蓋平面と計測点。口蓋平面（palatal plane）は前鼻棘（ANS）と後鼻棘（PNS）を結ぶ直線により定義される。（b）前鼻棘を原点とする口腔顔面座標。口蓋平面を水平化すべく画像回転により規格化する。

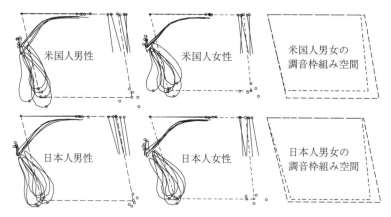

図 5.14　調音運動の場となる枠組みの構成[41]。米国人（上）と日本人（下）の男女それぞれ5名の被験者について発話準備位置の全面スキャン画像より、口蓋平面を基準として硬性器官の位置と形状のばらつきを示したもの。破線と鎖線は前鼻棘（ANS）を原点とする調音枠組み空間のグループごとの平均形状を示す。

5.5 音声の共通性の生成要因　　157

さと形状が個人ごとに異なることを示している。この図では ANS を原点とするために，下顎結合の大きさと形および咽頭後壁の位置と傾きに個人差が大きく現れている。破線と鎖線はトレース図から求められる**調音枠組み空間**（articulatory space：AS）を台形体で示したものであり，大きさと形に相違がみられるために**極端母音**の調音に影響を及ぼす形態的要因になりうると考えられる。上顎前歯と口蓋は固定の硬性器官であり多くの子音の調音位置が配置される。図 5.14 では上顎前歯の上下位置に若干の個人差があり，日本人群では上顎前歯の位置が低く上顎の高さに人種差がある。日本人の古い人骨では上顎前歯の前突（いわゆる反っ歯）が多いとされ，日本人群の特に女性にわずかにその傾向がみられる。上顎前歯が前凸して傾斜すると前歯付近の**歯槽堤**（alveolar ridge）の隆起が顕著となり，日本語において歯茎摩擦音（シの音）における舌端型の調音を容易にすると想像される。米国人群で歯槽堤が顕著ではない傾向があり，英語の歯茎摩擦音で舌先を上にそらせる舌尖型調音が多いこと，あるいは英語において重子音（consonant cluster）が頻発する傾向に形態的な背景を推測できる。

　上述の調音枠組み空間（AS）の大きさと形の個人差が母音の調音に影響を及ぼすことを期待して，X 線マイクロビームデータベースより米国人男女各 5 名と日本人男女各 5 名の計 20 名の被験者を対象として，単母音発話時の舌ペレットと音声信号について種々の分析を行った。**図 5.15**（a）に示すように調音枠組み空間の構成要素を定義したうえで，英語の極端位置にある 4 母音および日本語の 5 母音について，舌面上の三つのペレットによりつくられる舌の調音空間の大きさと形を求め，F1–F2 平面上の母音音響空間の大きさと形を求めた。つぎに，調音枠組み空間を形成する大きさと形のパラメータについて変異係数を求めて，図（b）に示した係数値の大きいパラメータについて母音の調音空間と音響空間への影響を調べた。その結果，相関関係が認められた組合せは音響パラメータと枠組み空間の大きさのパラメータの対のみという残念な結果であり，AS 面積と音響パラメータとの負の相関あるいは下顔面高（LFH）と第 1 フォルマントとの負の相関は声道長と母音フォルマントとの一

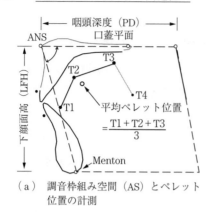
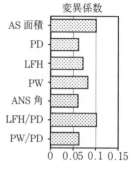

(a) 調音枠組み空間（AS）とペレット位置の計測

(b) 大きさと形の計測項目

図 5.15 X 線マイクロビームデータの計測法と分析パラメータ[41]。(a) 調音枠組み空間（AS）の定義と母音調音空間を求めるための平均ペレット位置の算出。平均ペレット位置を各母音について求めて，米国人群で四角形，日本人群で五角形の舌の調音空間を描画する。(b) 調音枠組み空間（AS）より求めた大きさのパラメータ（AS 面積および PD, LFH, PW の長さ）と形のパラメータ（ANS 角, LFH/PD, PW/PD）。PW は上顎歯列の横幅。

般的関係が確認されただけであった[42]。さらに，舌の調音空間の大きさと形は枠組み空間パラメータにも音響パラメータにも取りあげるほどの関連性は認められなかった。

　以上の結果は，**図 5.16** に例示するように調音枠組み空間の大きさと形にともに個人差がありながら，音響パラメータの個人差に貢献する要因は枠組みの大きさのパラメータが主であり，形のパラメータはランダムなばらつきとともにわずかに貢献する程度であるという図式を意味している。図における極端な枠組みの違いを示す四例からは，舌筋構造の柔軟性を考慮したとしても母音生成時の舌の形に何らかの影響を及ぼすことが想定されるが，期待される効果はわずかであった。したがって，硬性器官の形態が母音の音響空間へ及ぼす効果を探る目論見は失敗に終わったといわざるをえない。失敗の要因としては，単母音を分析対象としたこと，枠組み空間の設定が適切ではなかったかもしれないことのほかに，舌の相対サイズ（RTS）の個人差という要因を考慮せず，舌ペレット位置の規格化を行わなかったことなどが考えられる。したがって，これらの問題を解決して再分析すれば，調音器官の形態の個人差に由来する微細

5.5 音声の共通性の生成要因

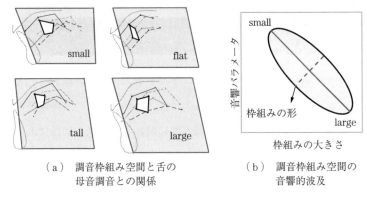

(a) 調音枠組み空間と舌の
母音調音との関係

(b) 調音枠組み空間の
音響的波及

図 5.16 調音枠組み空間の形態が音響パラメータに及ぼす効果 [43]。(a) 英語話者にみられた調音枠組み空間の変異の対照。枠組み空間は大きさと形がともに変異するが，舌上面（前方3点の平均値）のなす極端母音の調音空間とは関連性がみられない。(b) 母音の音響パラメータは主として枠組みの大きさに依存し，形の貢献度は2次的にすぎない。

な母音空間の個人差を求めることができるかもしれない。しかし，分析の失敗の本質的な理由はむしろ舌変形の自由度の高さにあり，舌という筋静水圧器官には枠組みの形の個人差を吸収して母音の音価を安定させるための調節機構が備わっていることを意味していると思われる。

以上のような母音調音の安定性の理由は枠組みに対する舌変形の適応能力にあると思われる。例えば舌という運動体が周囲の硬構造にバネで連結されている状況を想定するならば，硬構造の形の変異を吸収して母音の音響目標に到達するには，バネの剛性を調整すれば舌という運動体の位置を安定化することができる。この調節機構の適応性は，発達の過程で生じる調音器官全体の変化に対応して運動調節のプログラムが自然に微調整される機構があることを意味している。調音器官の構造は成熟の過程で高さを増し，発声器官は男女間で異なる構造変化を伴う。音声生成と知覚の機構がそのような年齢変化の軌跡を参照しながら完成するとみなすならば，F0もフォルマントパタンも異なる母音を同定することができる仕組みを想定できる。以上が，音声生成研究の失敗例を通じて想定された母音の安定化機構の性質であり，母音の共通性あるいは等価性の生成的背景の説明にもなりうると考えている。

5.6 ま　と　め

　本章では音声の個人性と共通性をテーマとして，個人的に関わってきた内容を例として新旧の問題を扱った。具体的には，若い人たちによる成功例と著者個人の失敗例を取りあげた。音声の個人性に関わる未解決の問題は人体構造に由来する因果関係であり，明らかになったこともあるが残された問題も多い。音声の共通性は母音の等価性という音声知覚の問題として扱われてきているが，心理の問題か神経機構の問題かが不明確のままのように思われる。両者に共通することは全体像がいまだにみえないという印象であろう。したがって，本章では結論を引き出すことではなく，今後の問題を掘り起こすことに主眼をおいた。

　藤村靖氏は 20 世紀後半の音声研究の展開期において「個人性を備えた音声を合成できるようになれば音声研究は一人前である」という趣旨を述べた。現在では工学技術より個人性特徴をもつ音声の複写合成が可能になっているが，これは藤村氏の意味したことではおそらくない。指摘された音声の個人性の問題は，本来ならば 21 世紀を待つことなく科学的方法によって解決されるべき課題であった。手がかりのないまま時間が過ぎていき，一つの道筋として漠然と思い浮かんだことは，個人性と共通性の問題を同時に解決すべき対象とすることであった。その理由はもちろん，個人ごとに異なる音声を共通の音声としてわれわれが自然に受け入れているからである。しかしながら現時点では疑問の周辺が埋まりつつある段階にすぎず，今後も扱い続けなければならない。科学の研究は謎解きであって，謎が大きいほどわれわれ個人の好奇心が役に立つ。一方，成果主義のプロジェクト研究は先行きのみえない個人の自由発想をむしろ制限する。その意味で，このテーマは音声の基礎研究が再び輝くために研究者個人の前に開かれた扉の一つかもしれず，かつて著者が空想生理学と呼んだ因果関係の思考実験を試みる材料としての意義もあるのではないかと考えている。

引用・参考文献

1) Jenkins, J. J. (1986) A selective history of vowel perception, Journal of Memory and language, **26**：542–549.

2) Formisano, E., De Martino, F., Bonte, M., & Goebel, R. (2008) "Who" is saying "what"? Brain-based decoding of human voice and speech, Science, **322**：970–973.

3) 高橋正一・山本源次 (1931) 邦語母音の物理的研究，電気試験所研究報告，第326号.

4) Chiba, T., & Kajiyama, M. (1942) The Vowel：Its Nature and Structure, Tokyo：Tokyo-Kaiseikan.

5) Fletcher, H. (1930) A space-time pattern theory of hearing, J. Acoust. Soc. Am., **1**：311–343.

6) 鈴木誠史 (1985) 音声と話者の相関関係について，日本音響学会誌，**41**：895–900.

7) 日本音響学会編 (2014) 音響サイエンスシリーズ12『音声は何を伝えるか—感情・パラ言語情報・個人性の音声科学—』，コロナ社.

8) Peterson, G. E., & Barney, H. L. (1952) Control methods used in a study of the vowels, J. Acoust. Soc. Am., **24**：175–184.

9) 粕谷英樹，鈴木久喜，城戸健一 (1968) 年齢，性別による日本語5母音のピッチ周波数とホルマント周波数の変化，日本音響学会誌，**24**：355–364.

10) Fitch, T. W., & Giedd, J. (1999) Morphology and development of the human vocal tract：A study using magnetic resonance imaging, J. Acoust. Soc. Am., **106**：1511–1522.

11) Johnson, J., Ladefoged, P., & Lindau, M. (1993) Individual differences in vowel production, J. Acoust. Soc. Am., **94**：701–714.

12) Hirahara, T., & Kato, H. (1992) The effect of F0 on vowel identification, In Y. Tohkura, E. Vatikiotis-Bateson, & Y. Sagisaka (eds), Speech Perception, Production and Linguistic Structure (pp. 89–112), Tokyo：Ohmsha.

13) Irino, T., & Patterson, R. D. (2002) Segregating information about the size and shape of the vocal tract using a time-domain auditory model：The stabilised wavelet-mellin transform, Speech Communication, **36**：181–203.

14) Lewis, D. (1936) Vocal resonance, J. Acoust. Soc. Am., **8**：91–99.

15) Bartholomew, W. T. (1934) A physical definition of "good voice-quality" in the

162   5. 音声の個人性と共通性

male voice, J. Acoust. Soc. Am., **7**：25-33.

16) Sundberg, J. (1987) The Science of the Singing Voice, DeKalb, IL：Northern Illinois University Press.

17) Fujimura, O., Honda, K., Kawahara, H., Konparu, Y., Morise, M., & Williams, J. C. (2009) Logopedics Phoniatrics Vocology, **34**：157-170.

18) 古井貞熙，赤木正人 (1988) 音声における個人性の知覚と物理関連量，日本音響学会聴覚研究会資料，**H-85**-18：1-8.

19) 伊藤憲三，斉藤収三 (1982) 音声の音響的パラメータが個人性の知覚に及ぼす影響，信学論，**J65-A**：101-108.

20) Kuwabara, H. & Takagi, T. (1991) Acoustic parameters of voice individuality and voice-quality control by analysis-synthesis method, Speech Communication, **10**：491-495.

21) 北村達也，赤木正人 (1997) 単母音の話者識別に寄与するスペクトル包絡成分，日本音響学会誌，**53**：185-191.

22) Kitamura. T., Honda, K., & Takemoto, H. (2005) Individual variation of the hypopharyngeal cavities and its acoustic effects, Acoust. Sci. & Tech., **26**：16-26.

23) Takemoto, H., Adachi, S., Mokhtari, P., & Kitamura, T. (2013) Acoustic interaction between the right and left piriform fossae in generating spectral dips, J. Acoust. Soc. Am., **134**：2955-2964.

24) Honda, K., Kitamura, T., Takemoto, H., Adachi, S., Mokhtari, P., Takano, S., Nota, Y., Hirata, H., Fujimoto, I., Shimada, Y., Masaki, S., Fujita, S., & Dang. J. (2010) Visualization of hypopharyngeal cavities and vocal tract acoustic modeling, Computer Methods in Biomechanics and Biomedical Engineering, **13**：443-453.

25) Li, J., Honda K., Zhang J., & Wei J. (2016) Individual difference and acoustic effect of female laryngeal cavities, ISCSLP 2016.

26) Zhang C., Honda K., Zhang J., & Wei J. (2016) Contributions of the piriform fossa of female speakers to vowel spectra, ISCSLP 2016.

27) 上條雍彦 (1965)『口腔解剖学 I 骨学』アナトーム社.

28) Dang, J., Honda, K., & Suzuki, H. (1994) Morphological and acoustic analysis of the nasal and paranasal cavities, J. Acoust. Soc. Am., **96**：2088-2100.

29) 党建武，中井孝芳，鈴木久喜 (1993) 破裂子音における口腔内圧および放射音の測定とシミュレーション，日本音響学会誌，**49**：313-320.

30) Dang, J., Wei, J., Honda, K., & Nakai, T. (2016) A study on transvelar coupling for non-nasalized sounds, J. Acoust. Soc. Am., **139**：441-454.

引 用 ・ 参 考 文 献　　*163*

31)　Mallampati, S. R., Gatt, S. P., Gugino, L. D., Desai, S.P., Waraksa, B., Freiberger, D., & Liu, P. L.（1985）A clinical sign to predict difficult tracheal intubation：a prospective study, Canadian Anaesthetists' Society Journal, **32**：429–434.

32)　Honda, K., Bao, H., & Lu, W.（2016）Articulatory idiosyncrasy inferred from relative size and mobility of the tongue, J. Acoust. Soc. Am., **139**：2192.

33)　Hatano, H., Kitamura, T., Takemoto, H., Mokhtari, P., Honda, K., & Masaki, S.（2012）Correlation between vocal tract length, body height, formant frequencies, and pitch frequency for the five Japanese vowels uttered by fifteen male speakers, Interspeech2012.

34)　本多清志，竹本浩典，中島淑貴，足立整治，平原達也（2006）ピッチを変えて発声した無声母音の声道形状，日本音響学会講演論文集（春季），pp. 349–350.

35)　Ladefoged, P., DeClerk, J., Lindau, M., Papçun, G.（1972）An auditory-motor theory of speech production, Working Papers in Phonetics, UCLA, **22**：48–75.

36)　Perkell, J. S., Matthies, L. M., Svirsky, M. A., & Jordan, M. I.（1993）Trading relations between tongue-body raising and lip rounding in production of the vowel /u/：A pilot motor equivalence study, J. Acoust. Soc. Am., **93**：2948–2961.

37)　本多清志（2000）X線マイクロビームによる子音調音時の舌位置の分析，音声言語医学，**41**：154–158.

38)　Fujisaki, H., & Kawashima, T.（1968）The roles of pitch and higher formants in the perception of vowels, IEEE Transactions on Audio and Electroacoustics **AU-16**：73–77.

39)　Bladon, R., & Lindblom B.（1981）Modeling the judgment of vowel quality differences, J. Acoust. Soc. Am., **69**：1414–1422.

40)　Honda K. & Wu C-M.（1996）Differences in speaker's articulatory space：their contribution to vowel gesture and acoustic pattern, The 3rd Joint Meeting of A.S.A. and A.S.J., Honolulu.

41)　本多清志（1997）母音空間に現れる口腔顔面形状の個人性，日本音響学会講演論文集（春季），pp. 237–238.

42)　本多清志（2001）人の顔型と音声，日本音響学会誌，**57**：308–313.

43)　Honda K., Hashi M., Wu C-M., & Westbury J. R.（1997）Effects of the size and form of the orofacial structure on vowel production, The 134th A.S.A. Meeting.

付章

発声と調音の観測法

　音声生成の生理学的過程は呼吸運動，喉頭運動，調音運動の組合せにより成り立つために運動生理学における運動発現と同様の機序を想定できるが，運動の要素数と複雑性において一般の運動と大きく異なるとともに，ヒト固有の言語機能に関わることによる制約がある。したがって，音声生成におけるすべての運動要素の実験的記録はほぼ不可能であり，動物実験におけるような侵襲的実験による解決が困難であるという問題を抱えている。また，音声生成に関わる器官の多くが体内にあるために通常の光学的・物理的な観測法を適用できないという困難さもある。これらの問題は音声生成研究における**可観測性の壁**として繰り返し語られ，医療技術の援用あるいは専用装置の開発を通じて解決する方法がとられてきている。このような意味で，音声生成研究の歴史は観測法の歴史といっても言い過ぎることはないように思われる。以下では，発声と調音の研究に用いられる装置についてこれまでの経過と最近の展開，使用上の注意点などについて私見を述べておく。

A.1　発声機構の観測

A.1.1　声帯の観察法

　喉頭の解剖学的構造は 16 〜 18 世紀の解剖学者の手により詳しく調べられて，Vasalius（1514-1564）や Morgagni（1682-1771）などによる図版として残っており，その中に**声帯**を観察した図も含まれている。ヒトの発声時に声帯の動く様子を初めて観察した人物としては音楽教師であった Garcia（1805-1906）があまりにも有名であり，歯科用につくられた小さな鏡と手鏡を用いて自らの声帯を観察したと伝えられている。手鏡に映った声帯の像は，例えば**図 A.1**

A.1 発声機構の観測

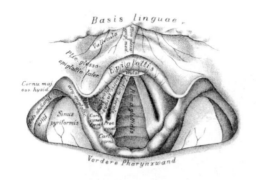

図 A.1 ドイツの耳鼻科医 Fränkel による喉頭鏡像[1]。本書で「梨状窩」と呼ぶ構造は図中の Sinus pyriformis であり，廣瀬肇氏（東京大学音声言語医学研究施設名誉教授）によると Garcia 以降の喉頭鏡観察により洋梨状の空間として認められた比較的新しい解剖名称であるらしい。事実，解剖学用語に登録されていないために，梨状窩（piriform fossa），梨状陥凹（piriform recess）という名称も用いられる。

に示すようであり[1]，中央の声帯とそれを取り囲む喉頭蓋・披裂喉頭蓋ひだ，そして左右の**梨状窩**が描かれている。Garcia の**喉頭鏡**はその後の喉頭研究に著しい進展をもたらし多くの著書が出版されたが，古い文献を遡ってその詳細な内容を知ることは難しい。喉頭鏡は今でも臨床観察に使用されるが，写真や動画として記録に残す目的では**側視型硬性内視鏡**や喉頭**ファイバースコープ**が用いられる。

A.1.2 声帯振動の可視化法

声帯は鼓膜と同様に人体の中にある高速振動体であり，振動の様子を肉眼で観察することができない。声帯振動の観察に初めて用いられた方法は**ストロボスコープ法**という光学な同期サンプル方式の技術であった。当時のストロボスコープ法による声帯振動の観測にはストロボ発光周波数と声の基本周波数との間に若干の位相差をつくる必要があり，被験者にとってその位相差を一定に保つことが難しいという問題があった。現在では喉頭マイクロホンにより振動周期を検出しストロボ発光の位相を電子的に回転させる工夫によって，任意の声の高さで発声を行いつつ比較的滑らかな声帯振動を肉眼で観察することが可能であり，臨床用の声帯振動観測装置として用いられている。

米国ではストロボスコープ法に代わる手法として 1930 年代後半に**高速度映画撮影法**が用いられた。この撮影法はベル電話研究所においてリレー式電話交換機の動作解析のために用いられ，その応用として**図 A.2** に示すような装置

図 A.2 高速度映画撮影法による声帯振動記録の実験風景を示す写真[5]。回転プリズム式の高速度カメラ（Fastex, Kodak 社，1934 年）が用いられた。この写真（原画はカラー）はおそらく写真撮影のための装置設定であると思われ，実験方法の原理がわかりやすいが，実際には強力なハロゲン光源の発する熱線を吸収するために水槽が熱線フィルタとして用いられた。

により声帯振動の実時間記録が行われた[2]。ストロボスコープ法により観察される映像が**同期サンプル方式**に従う虚像であるのに対し，高速度映画撮影法では声帯振動の連続的な周期を実像として記録することができるため，ベル電話研究所における最初の撮像実験からおよそ 50 年間の長期にわたって研究用途に用いられた。その結果，声帯粘膜が波打つように振動すること，発声時の**声門面積波形**が間歇三角波に近いこと，声帯振動モードを**声門開放時間率**（open quotient：OQ）や**声門開閉速度率**（speed quotient：SQ）などのパラメータにより説明できることなどが調べられた[3]。

　高速度映画撮影法には装置の原理構成に起因するいくつかの問題があり，おもな理由として高速度撮影に必要な強力な光源から発する高熱の処理があげられる。そのために照明光に含まれる赤外領域の熱線を吸収するために光路に水槽を配置する必要があった。また，光源の冷却や撮影装置自体から発する騒音も音声録音上の問題となり，映画フィルムを現像するまでは実験成功の可否判断ができないという難点もあった。高速度映画撮影法は声帯振動の実験研究に

不可欠の手法として世界に広まって声帯振動理論の普及に貢献した。後続する撮影装置では水槽に代わって熱線を透過し可視光を反射する反射鏡によって冷却光源を構成した[4]。

以上の問題を解決して音声信号と同時に声帯振動を撮像する方法として開発された装置が**高速度ディジタル撮像装置**であり，ラインセンサの試用に引き続き2次元イメージセンサを用いた高速度撮像装置が試作された[6],[7]。開発当初の装置は図A.3に原理図を示すように喉頭用硬性内視鏡，光源，一眼レフカメラ，フィルム位置に装着されたイメージセンサ，高速作動のAD変換器（ADC）と画像メモリなどからなり，撮像終了後にメモリ内容は外部の画像表示装置に転送されてスローモーション映像として再生される。その後，この実験装置は改良を重ねて声帯病変の臨床検査にも用いられ[8],[9]，1989年に汎用装置として国内で初めて商用化された。奇しくもその翌年の1990年に，Kodak社は高速度ビデオカメラの仕様を磁気テープ記録からディジタル記録に変更した電子式装置（Ektapro EM Motion Analyzer）を発売した。現在の産業用に広

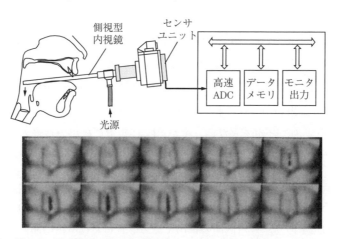

図A.3 声帯振動記録用の高速度ディジタル撮像装置および声帯画像。上図は開発当初の構成を示す報告などより改変したもの[11]。イメージセンサは一眼レフカメラのフィルム面に置かれている。光源にはハロゲン球，直流安定化電源，赤外線除去フィルタなどが用いられる。下図は50×50画素のCCDイメージセンサにより記録された振動中の声帯像のサンプル。

168   付章　発声と調音の観測法

く普及している高速度カメラは声帯振動観測用の実験装置の開発が一つの契機
となって発展した技術であり，音声研究用の装置が汎用の工業技術に転用され
た珍しい例といえるかもしれない。高速撮像装置により記録された画像は一瞬
のうちに大きな容量となり，データ転送に時間を要するほか，画像解析にも労
力を要するため，データの要約を表示する手段として声帯画像を横断する 1 本
のライン画像を抽出して連続画像を表示する**喉頭キモグラフ法**（laryngeal
kymography）が用いられることがある [10]。

A.1.3　グロトグラフ法

　基本周波数（F0）に関わる研究課題の実施に際して，かつては時間軸を引
き延ばした音声波形状上で個々の声帯振動周期を測ることにより F0 曲線を描
画する方法が用いられた。現在では信号処理の方法により自己相関法を用いた
自動処理が一般的であるが，母音の起始と終始の時点における F0 は分析から
除外されるため，正確を期するためには手作業による修正も必要となる。**図
A.4**（a）に示すように，声帯振動に伴う左右声帯粘膜の接触パタンを電気的
に検出する方法があり，**電気的グロトグラフ法**（electroglottography：EGG）
と呼ばれる。EGG 波形は声道共鳴の影響がないため音声波形と比べて単純で
あり F0 抽出の自動処理にも適しているが，無声子音前後の母音の終始と起始
（入りわたりと出わたり）において声帯粘膜の接触が不完全となるために声帯
振動を検出することができない。また，EGG 装置には出力波形の振幅を自動
調整するアナログ回路が装備されているために，波形の振幅には声帯振動の様
相を反映した情報は含まれない。声帯振動における声門面積変化に対応する信
号を記録する装置として図（b）に示す**光電グロトグラフ法**（photoglottogra-
phy：PGG）があり，有声区間の検出や無声子音における声門開大を観測する
手段として用いられている。PGG を用いることにより，入りわたりと出わた
りにおける声帯振動をモニタすることが可能であるが，光源として経鼻的に挿
入したファイバースコープを用いる必要があり，低侵襲の方法であるものの一
部の音声実験室では使用することができない。

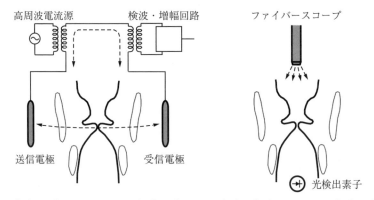

（a）電気的グロトグラフ法（EGG）　　（b）光電グロトグラフ法（PGG）

図 A.4 声帯振動のモニタに用いられる2種類のグロトグラフ装置。（a）EGG は左右の声帯が接触したときの電流変化を検出する。（b）PGG は開いた声門を通過する光量の変化を検出する。いずれの装置も出力信号に計量単位はなく，計測装置というよりは波形モニタ装置と呼ぶことが適している。

最近では**図 A.5**に示すように側頭部の皮膚面に赤外光源を置く非侵襲のPGG 装置（ePGG）が開発されているが，体壁組織の吸光特性の個人差に起因する信号検出感度の劣化が認められるため，現時点では被験者を選ぶ必要がある。十分な性能を目指すためには今後の改良を要する[12]。

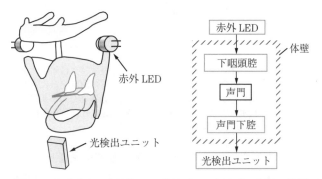

図 A.5 開発途上の非侵襲 PGG 装置（ePGG）と光の経路。装置は光源と光検出器をともに対外に置く方式（external lighting and sensing）をとることによって非侵襲化をはかっている（左図）。側頭部からの赤外 LED 照明により咽頭側壁を発光させて光源とする（右図）。

A.1.4 呼気流計測法

発声発話時の**呼気流計測**（pneumotachography）には流量センサを用いた**体積速度**（volume velocity〔mL/s〕）の計測法が用いられる。発声効率や声門抵抗などの声の持続的特性を調べるためには，図 A.6（a）に示すような差圧式あるいは熱線式の流量センサをマスクに装着した装置が使われてきている。差圧式の流量計は導管内に気流抵抗となるスクリーンをもち，気流が通過するときに生じるスクリーン前後の圧力差を計測することにより流速を求める。熱線式の流量計は導管内の細い電熱線が気流により冷却されるときの電気抵抗の変化から流速を求める。持続発声時の呼気流量（**平均呼気流率**と呼ばれる）の正常値は 120 〜 150 mL/s 程度とされている。

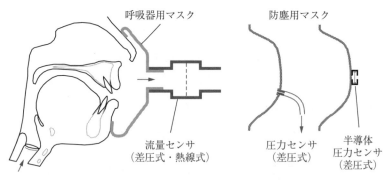

　（a）　発声時の呼気流量計測　　　　（b）　発話時の呼気流量計測

図 A.6　発声発話時の呼気流計測法。（a）呼吸器用マスクに差圧式あるいは熱線式の流量センサを組み合わせる方法。（b）音声の同時記録に適した防塵用マスクを用いる差圧式の計測法。マスク内外の圧力差をビニール管に接続した圧力センサで計測する方法[12]や，小型の半導体圧力センサを直接マスクに貼りつける方法[14]などが試みられている。

図（a）のような呼吸器用マスクを用いる方法では流量センサからの出力に音響歪みを生じるために音声の同時計測には適さない。この問題を軽減するためにマスクに複数の円形の換気孔を設けてそれぞれに気流抵抗となる金属メッシュを配置した差圧式のマスク（Rothenberg mask）が開発されており[13]，最近ではマスクに隔壁を設けて口腔気流と鼻腔気流との分離計測を可能とする装

置が市販されている。また，高品質音声の記録と衛生面の利便性を考慮した方法として図（b）に示すような使い捨ての防塵用マスクを用いた差圧式の**呼気流マスク**が試作されている。この方法ではマスク全体が気流抵抗となるために音響歪みの少ない音声の同時録音が可能となるという利点がある。しかし，温度・湿度・マスク変形などの影響を受けやすく，事前のキャリブレーションによりマスクの気流抵抗を求める必要がある。

A.2 調音機構の観測

A.2.1 調音運動の計測と分析

調音運動においてそれぞれの器官が単独で動作することは稀であり，複数の器官の要素運動が組み合わさって目標とした調音が成立する。そのような調音運動の全体像を記録する目的で，さまざまな医用画像記録の方法が応用されてきた。ドイツの物理学者レントゲンによるX線の発見（1895年11月）は世界に大きな衝撃を与え，わずか1年後には国内においてもX線撮影実験が行われた。**X線撮影**は初期の実験的な音声研究において母音調音の可視化観測法として用いられ，Russelはおびただしい数の撮影実験を行って英語の母音分布図を作成した[15]。X線撮像法はその後の理論的な音声研究にも大きく貢献した[16),17)]。**図A.7**は千葉が母音研究に用いた初期のX線装置であり，整流器が収められた木箱が中央に写っている。臨床用のX線映画撮影装置が本格的な音声研究に利用されるには1950年以降の録音技術の実用化を待つ必要があった。

調音運動のX線映像分析を目的とした研究には，舌を含めた器官の正中矢状面に金属の小球（ペレット）を運動指標として貼りつけてその位置変化を追跡する方法が採用された。X線映画撮影法にはX線被爆の問題のほかに調音運動の軌跡を求めるため1コマごとの手作業による標本化を要するという難点があった。MITにおけるそのような分析結果は英語調音の様相を確認する際の参考資料として現在でも利用されている[19]。現時点ではX線の使用は臨床研究に限られるため，音声研究には既存のデータベースが利用される。国内では

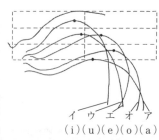

図 A.7 東京外国語学校（現在の東京外国語大学）の音声学実験室に設置された X 線撮影装置（1933 年頃），および実験結果を示す日本語 5 母音の舌形状[18]。

1965 年と 1967 年に撮影された資料が知られ[20]，「X 線映画日本語の発音」として公開されている。

調音器官の運動記録法 **X 線マイクロビーム装置**（X-ray microbeam system）は，X 線映画撮影による研究上の問題を解決しペレットの運動追跡を自動化するための観測装置を目指して米国 NIH の資金を導入して東京大学で開発された[21]。細く絞った X 線ビームを計算機制御によりペレット周辺のみに格子状に照射することにより，ペレット画像を認識しつつ自動追跡を実現する実験装置であった。この方式はさらに改良され，X 線被爆を低減しつつペレット認識率を高めるために生体組織に吸収されにくい高エネルギー X 線を使用した大規模な装置として米国ウィスコンシン大学に設置され，共同利用施設として運用された[22]。**図 A.8** にその装置の概要を，**図 A.9**（a）にペレット配置を示す。

被爆線量の大幅な低減を目指した X 線マイクロビーム装置の技術は国内では現実の装置として発展することがなかったが，その理念は米国において**電子ビーム走査型 CT 装置**（electron beam computed tomography：EBCT）として受け継がれて，調音観測研究にも利用されたことがある。

磁気センサシステムは X 線マイクロビーム装置の難点とされた X 線の使用を排して，研究室単位で導入可能な規模に留めつつ X 線マイクロビーム装置

A.2 調音機構の観測　　173

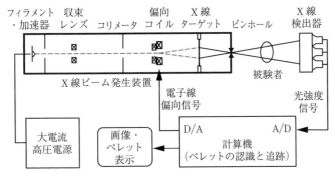

図 A.8 ウィスコンシン大学のX線マイクロビーム装置の原理図。X線ビームによるスキャンを実現するために電子顕微鏡に似た電子線ビーム走査機構が採用されている。加速された電子線はX線ターゲットに衝突してX線を発してピンホールからビームとして出力される。X線ビームは発話器官に接着された金属球（ペレット）の周囲に格子状に照射される。X線検出器により受信された光強度信号と電子線偏向信号によりペレット画像が構成され，ペレットの移動を予測しつつ追跡が行われる。

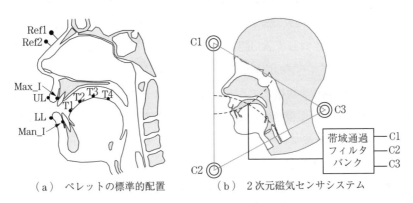

（a）ペレットの標準的配置　　（b）2次元磁気センサシステム

図 A.9 X線マイクロビーム実験におけるペレット配置と磁気センサシステムの原理図。（a）標準的なペレットの配置。頭位の規格化には三つのペレット（Ref1, Ref2, Max_I）が用いられる。軟口蓋上面にペレットが追加されることもあった。後処理により各ペレット位置は上顎前歯先端を原点とし咬合平面を水平軸とする座標系に転写される。（b）2次元の磁気センサシステム。3個の発振コイルが頭部を取り囲むように置かれ，それぞれのコイルから異なる周波数のRF信号が出力される。調音器官上に設置したセンサコイルは混合RF信号を検出し，フィルタバンク回路により各チャネルの信号強度が出力される。

174　　付章　発声と調音の観測法

と同等の指標追跡機能を目指して MIT とミュンヘン大学において個別に開発された。前者は electromagnetic midsagittal articulometer（EMMA）[23]，後者は electromagnetic articulograph（EMA）[24]と呼ばれる。

　図（b）に示す2次元磁気センサシステムでは，三つの交流磁界発生コイルから送信される周波数の異なる磁界の中に複数のセンサコイルを配置して，個々のセンサコイルからの信号強度を記録し，後処理によりセンサコイルの位置を推定する方法がとられた。最近の3次元計測システムでは磁界発生コイルを追加して立体的に配置することにより3次元の位置計測を可能にしている[25]~[27]。X線マイクロビーム装置ではペレットが歯科金属と交差する際などに見失われることがあるが，そのような計測誤りの有無をペレット画像の認識結果から判定できた。一方，磁気センサシステムでは歯科金属の影響はないが，計測データの中から誤りの有無を検出することが難しい。

　超音波断層法（ultrasonography：USG）は舌の輪郭を実時間で可視化し画像記録する目的で調音運動観測に利用されることがある。USG は調音器官全体を記録する観測法ではなく舌口腔面の形状のみを可視化する方法であり，頭部に対する超音波プローブの位置が変われば観測画像の傾きが変化するという問題がある。観測画像を規格化するには頭部とプローブの3次元計測法を組み合わせた計測法を用いて後処理による画像の規格化がはかられる[28],[29]。**図A.10**（a）のように超音波プローブを顎下部に配置することにより正中矢状面の2次元映像を記録できるが，撮像範囲が狭く舌尖と舌咽頭面を描出できない，規格化のための基準平面を決める手がかりがないなどの難点がある。参照部位となる口蓋輪郭は舌を口蓋に密着させることにより後処理において重ね合わせることができるが，頭部とプローブとのずれを防ぐためにプローブ固定用のヘルメットを用いる，あるいは後処理によってずれを補正するために指標追跡装置を同時使用するなどの工夫を要する。最新の3次元撮像装置（4D ultrasound）では10 mm 程度のスライス間隔で発話時の舌口腔面の形状を立体的に動画記録できる[30]。

　ダイナミックパラトグラフ法（dynamic palatography：DP）は，発話時にお

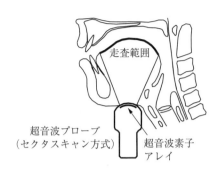
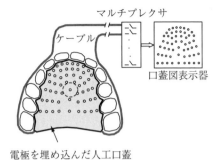

（a）超音波断層法　　　　　　　（b）ダイナミックパラトグラフ法

図 A.10　超音波断層法（USG）とダイナミックパラトグラフ法（DP）。（a）超音波断層法（セクタスキャン方式）は正中矢状断面近傍の舌口腔面の形状を記録できる。画像収集が容易である反面，下顎とプローブの位置関係を規格化できない，舌尖が走査範囲外となるなどの問題がある。（b）ダイナミックパラトグラフ法。発話時の舌と口蓋との接触パタンを記録できる。人工口蓋の装着による発話の歪みが生じうる。

ける舌と口蓋との接触パタンを記録する方法として開発された[31]。図（b）に示すような多数の電極を埋め込んだ人工口蓋を用いて口蓋と舌口腔面との接触を計測する。舌と口蓋の接触状態は他の方法では観測しにくく，発話観測専用の装置としてユニークな位置を保持している。

軟口蓋の計測法についてもいくつかの低侵襲の観測法が考案されている。**図 A.11**（a）は**ベロトレース**（Velotrace）の機構を示す図であり，固定棒と可動棒による平行棒機構（Wattの平行四辺形とも呼ばれる）を利用して，両端のレバーがリンクすることにより軟口蓋の昇降を体外レバーの回転として観測する[32]。計測には赤外LED光を用いた位置検出カメラが用いられ，対外レバーに取りつけられたLEDとレバーの回転軸においたLEDを用いて回転角を計算する。図（b）は**光電ナゾグラフ法**（photoelectric nasography）における光源とセンサの位置関係のみを示した図であり，PGGと同様にファイバースコープを照明光として用い，受光部を上に向けたフォトダイオードをリード線により鼻咽腔開口部から吊り下げることにより開口部の開きを観測する[12]。原法では小さい電球を咽頭腔に置き鼻腔内のフォトダイオードにより受光した[33]。古くは図（b）と同様にファイバースコープを用いる映画撮影法によ

176　付章　発声と調音の観測法

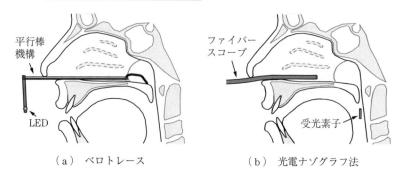

(a) ベロトレース　　　　　(b) 光電ナゾグラフ法

図 A.11　軟口蓋運動あるいは鼻咽腔開口度を観測するための二つの工夫。(a) ベロトレースは軟口蓋上面に接したレバーの回転を体外においたレバーの回転に伝えることにより軟口蓋の昇降を観測する。(b) 光電ナゾグラフ法はファイバースコープにより照明された鼻咽腔壁からの散乱光を咽頭腔においたフォトダイオードにより検出し鼻咽腔開口度をモニタする。

り軟口蓋の最高点を記録する方法が用いられ，他の調音器官の運動と同時に軟口蓋運動を記録する目的には，X線マイクロビームにより軟口蓋上面のペレットを追跡する方法が用いられた。磁気センサシステムの使用においては軟口蓋下面に接着したセンサコイルの位置を検出する方法が用いられることがある。

A.2.2　磁気共鳴画像法の利用

磁気共鳴画像法（magnetic resonance imaging：MRI）は図 **A.12**（a）に示す核磁気共鳴の現象を利用して体内の水素原子（proton）の密度を画像化するための医用技術であり，図（b）のように磁場に傾斜を与えることにより任意の断面を撮像できる。

　MRI は連続する複数の断面を記録する3次元の生体可視化法として音声研究において最も利用価値が高い。図 **A.13** にそのような3次元 MRI より**正中矢状断面**を選択する際に手がかりとなる構造を示しておく。MRI は撮像時間を要するために持続母音における声道の可視化に適した静止画撮像法として利用されてきた[34]。また，軟部組織の分解能に優れるため声道境界だけでなく筋の走行を確認する方法としても利用できる[35]。一方，歯列を可視化できない，軟骨の輪郭が明瞭でない，仰臥位の姿勢による声道変形の可能性があるなどの

A.2 調音機構の観測   177

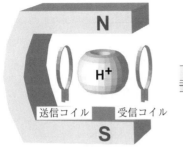
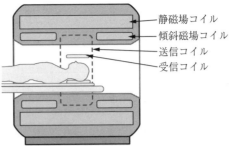

（a）核磁気共鳴（NMR）の原理   （b）磁気共鳴画像装置（MRI）の構成

図 **A.12** NMR の原理と MRI 装置の構成。（a）静磁場の中に置かれた水素原子（proton）に特定の周波数の RF パルスが送られると水素原子は励起状態となる。NMR 装置ではその直後に放射された RF エコーを受信してスペクトル分析を行う。（b）MRI 装置では傾斜磁場コイルが追加され，あらゆる方向の撮像断面の位置を指定することができる。

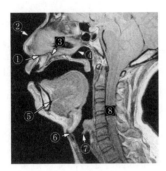

正中矢状面上に認められる特徴点
① とがった前鼻棘（ANS）
② 自然な外鼻の形状
③ 明瞭な上顎骨切歯管
④ 鼻中隔後端の明瞭な輪郭
⑤ オトガイ結節および腱
⑥ 喉頭室前端の切痕像
⑦ 声帯突起（発声時のみ）
⑧ 均一な太さの脊椎管

図 **A.13** 正中矢状断面上の特徴点。3 次元 MRI データより正中矢状面を見出す際に利用できる特徴点を示す。

問題が指摘されている。

　発話時の調音運動や声道変形の記録には図 **A.14** に示すように繰り返し発話をタスクとする同期サンプル方式の **MRI 動画撮像法**やそれを応用した発声同期の静止画撮像法が開発された[36), 37)]。また，スパイラルスキャンと呼ぶ特殊な信号導出アルゴリズムを用いた**実時間撮像法**も開発された[38)]。通常の磁場強度（1.5 Tesla）の MRI 装置では高分解能の静止画撮像を行う場合，数分間の撮像中に頭部と調音器官の位置を保つための被験者の努力と経験を要する。最新の臨床用高磁場装置（3.0 Tesla）では撮像時間が短縮され，息継ぎを必要

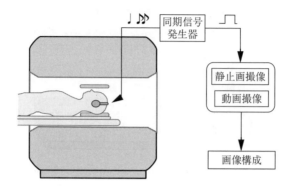

図 A.14 MRI 同期撮像方式による静止画撮像法および動画撮像法．被験者は同期信号発生装置から出力されるトリガー音に合わせて母音発声あるいは単語発話を繰り返す．トリガー音に同期したスキャンパルスが静止画撮像あるいは動画撮像のプログラムを起動する．

としない 10 s 強の時間内で下顎を含む複数の矢状面静止画像を 3 mm のスライス間隔で記録できる．また，実時間の動画撮像法が実用に耐えうる性能に達して，低速度（10 fps 程度）の高画質撮像から低画質の高速撮像（24 fps 程度）までの撮像法を選択できる．さらに，実時間動画撮像の技術は高速化を目指した技術開発が進められており，研究機においては 30 fps の発話観測も報告されている[39]．現時点における MRI の問題は撮像時間とスライス間隔との相反関係が第 1 にあげられ，女性話者の小さい下咽頭腔を含めて声道全体を立体計測するには 1〜1.5 mm 程度のスライス間隔が必要になる．この条件を満たすには同期サンプル方式を応用した発話同期撮像法を利用することができるが，繰り返し発話タスクにおいて調音位置の安定化を確保するために被験者の事前練習が必要になる．また，声道の立体形状計測には歯列を可視化する必要があり，**歯列撮像**のために種々の手法が用いられるが[40),41)]，被験者への負担や材料の準備などの点で改善の余地がある．簡易法として口を閉じ歯列内側に舌を密着させて陰圧をかけ，歯列周囲を脱気した状態で 3 次元撮像する方法があるが，後処理において上下の歯列を分離する際に確実な手がかりが得られにくいという問題が残る．MRI 撮像に直接に関わる研究者・技術者の技能は MRI の

画像品質を大きく左右するため，多数の撮像パラメータから実験目的に適した撮像パラメータの組合せを選択するには豊富な経験に支えられた高度の技能が必須である点も MRI 計測の特殊性といえる。

A.2.3 筋電計測法

筋電計測法は発声と調音の生理的機序を調べる方法として用いられる。自然に近い発話状況下で筋電計測実験を実施する目的では金属線電極が用いられてきた。図 **A.15**（a）に示すように，注射針に 2 本の被覆金属線を導入して先端を鉤状に曲げた電極を**双鉤金属線電極**（double hooked-wire electrode）と呼ぶ。注射針を対象とする筋に挿入したのちに注射針を引き抜けば，鉤部は筋肉内に残り電極として作動する。この方法は喉頭や調音器官の諸筋の機能を探るために必要な方法として長い間使用されてきたが，その高い侵襲性のために現在は基礎研究の実験では次第に行われなくなってきている。また目的とする筋に確実に電極を挿入するには熟練手技を必要とする。

表面筋電計測法は非侵襲の方法として表在筋を対象とした実験において利用価値がある。最も適した被験対象は図（b）に示す口唇周囲筋群であり，特に口輪筋の赤縁部は赤唇縁の直下にあるために他の筋からの信号混入のない信

 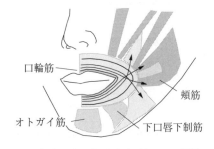

（a）双鉤金属線電極　　　（b）表面筋電計測に適した口唇筋

図 **A.15** 発話観測に用いられる金属線電極と表面筋電計測に適した口唇周囲筋。(a) 双鉤金属線電極。鉤部先端の被覆を取り除くことにより電極インピーダンスを低くすることができる。(b) 表面筋電計測に適した口唇周囲筋。比較的信号混入の少ない筋を示したもの。

180   付章　発声と調音の観測法

号を記録することができる。口唇周囲筋の検査対象とする場合には通常の皿電
極より小さい表面電極の使用が望まれる。そのような用途には蝸電図用の銀
ボール電極が適しており，細い銀線を材料として自作することもできる。

引用・参考文献

1) Fränkel, B. (1898) Untersuchungsmethoden des Kehlkopfes und der Luftröhre, In
   P. Heymann (ed.), Handbuch der Laryngologie und Rhinologie I (pp. 227–289),
   Wien：Alfred Hölder.

2) Farnworth, D. W. (1940) High speed motion pictures of the human vocal cords,
   Bell Laboratories Record, **18**：203–208.

3) 平野 実 (1973) 声帯の振動，比企静雄 編『音声情報処理』(pp. 55–67)，東京大
   学出版会.

4) 吉田義一 (1969) 光速度映画による発声時の声帯振動に関する研究，日本耳鼻
   咽喉科学会会報，**72**：1232–1250.

5) Colton, F. B. (1947) Miracle men of the telephone, The National Geographic
   Magazine, **91**：273–316.

6) 今川 博，桐谷 滋，廣瀬 肇 (1987) イメージセンサを用いた声帯振動観察用高速
   度ディジタル撮像装置，医用電子と生体工学，**25**：284–290.

7) Honda, K., Kiritani, S., Imagawa, H., & Hirose, H. (1987) High-speed digital
   recording of vocal fold vibration using a solid-state image sensor, In T. Baer, K.
   Sasaki, & K.S. Harris (eds.), Laryngeal Function in Phonation and Respiration,
   Boston：College-Hill Press, 485–491.

8) 廣瀬 肇，桐谷 滋 (1992) 声帯振動と音声信号の同時解析による病的音声の診
   断，病態生理，**11**，別冊：128–134.

9) 桐谷 滋 (1995) 音声検査：声帯振動の超高速度撮影，耳鼻と臨床，**41**：675–
   680.

10) Svec, J. G., & Schutte, H. K. (2012) Kymographic imaging of laryngeal vibrations,
    Curr Opin Otolaryngol Head Neck Surg., **20**：458–465.

11) Kiritani, S., Imagawa, H., & Hirose, H. (1996) Vocal cord vibration in the
    production of consonants：Observation by means of high-speed digital imaging
    using a fiber scope, J. Acoust. Soc. Jpn. (E), **17**：1–8.

12) Vaissiere, J., Honda, K., Amelot, A., Maeda, S., & Crevier-Buchman. (2010)

Multisensor platform for speech physiology research in a phonetic laboratory, 音声研究, **14** : 65-77.

13) Rothenberg, M. (1983) An interactive model for the voice source, In D.M. Bless, & J.H. Abbs (eds), Vocal Fold Physiology : Contemporary Research and Clinical Issues (pp. 155-165), San Diego : College Hill Press.

14) Chi, Y., Honda K., Wei J., Feng, H., & Dang J. (2015) Measuring oral and nasal airflow in production of Chinese plosive, INTERSPEECH 2015, 2167-2171.

15) Russel, G. O. (1928) The Vowel : Its Physiological Mechanism as Shown by X-ray, Columbus, OH : Ohio State University Press.

16) Chiba, T. & Kajiyama, M. (1942) The Vowel : Its Nature and Structure. Tokyo : Tokyo-Kaiseikan.

17) Fant, G. (1960) Acoustic Theory of Speech Production, Mouton : The Hague.

18) Chiba, T. (1935) Research into the Characteristics of the five Japanese Vowels Compared analytically with those of the Eight Cardinal Vowels, Nichibei-Press.

19) Perkell. J. (1969) Physiology of speech production : Results and implications of a quantitative cineradiographic study, Cambridge, MA : MIT Press.

20) 国立国語研究所 (1978)『X 線映画資料による母音の発音の研究 : フォネーム研究序説』, 秀英出版.

21) Fujimura, O., Kiritani, S., & Ishida, H. (1973) Computer-controlled radiography for observation of movements of articulatory and other human organs, Comput. Biol. Med., **3** : 371-384.

22) Nadler, R. D., Abbs, J. H., & Fujimura, O. (1987) Speech movement research using the new X-ray microbeam system, Proceedings of the XIth International Congress of Phonetic Sciences, **1** : 221-224.

23) Perkell, J., Cohen, M., Svirsky, M., Matthies, M., Garabieta, I., & Jackson, M. (1992) Electro-magnetic midsagittal articulometer (EMMA) systems for transducing speech articulatory movements, J. Acoust. Soc. Am., **92** : 3078-3096.

24) Schönle, P., Grabe, K., Wenig, P., Höhne, J., Schrader, J., & Conrad, B. (1987) Electromagnetic articulography : use of alternating magnetic fields for tracking movements of multiple points inside and outside the vocal tract, Brain and Language, **31** : 26-35.

25) Hoole, P., & Zierdt, A. (2010) Five-dimensional articulography, In B. Maassen & P. van Lieshout (eds.), Speech Motor Control : New Developments in Basic and Applied Research (pp. 331-349), Oxford University Press.

26) Berry, J. J. (2011) Accuracy of the NDI Wave Speech Research System, Journal of Speech, Language and Hearing Research, **54**：1295–1301.

27) 北村達也，能田由紀子，土師道子，波多野博顕（2014）磁気センサシステムによる発話観測における調音空間の計測，信学技法，SP，音声 **114**（303）：89–93.

28) Stone, M., & Davis, E. P. (1995) A head and transducer support system for making ultrasound images of tongue/jaw movement, J. Acoust. Soc. Am., **98**：3107–3112.

29) Whalen, D. H., Iskarous, K., Tiede, M., Ostry, D. J., Lehnert-Lehouillier, H., Vatikiotis-Bateson, E., & Hailey, D. E. (2005) The Haskins optically corrected untrasound system (HOCUS), J. Speech Lang Hear Res., **48**：543–553.

30) Lulich, S. M. (2014) Combined analysis of real-time three-dimensional tongue ultrasound and digitized palate impressions：Methods and findings, J. Acoust. Soc. Am., **136**：2104.

31) 桐谷 滋，比企静雄（1976）ダイナミック・パラトグラフィとその応用，日本音響学会誌，**32**：335–342.

32) Horiguchi, S., & Bell-Berti, F. (1987) The Velotrace：a device for monitoring velar position, Cleft Palate Journal, **24**：104–111.

33) Ohala, J. (1971) Monitoring soft palate movement in speech, J. Acoust. Soc. Am., **50**, Issue 1：140.

34) Baer, T., Gore, J. C., Gracco, L. C., & Nye, P. W. (1991) Analysis of vocal tract shape and dimensions using magnetic resonance imaging：Vowels, J. Acoust. Soc. Am., **90**：799–828.

35) Takano, S., & Honda, K. (2007) An MRI analysis of the extrinsic tongue muscles during vowel production, Speech Communication, **49**：49–58.

36) Masaki, S., Tiede, M. K., Honda, K., Shimada, Y., Fujimoto, I., Nakamura, Y., & Ninomiya, N. (1999) MRI-based speech production study using a synchronized sampling method, J. Acoust. Soc. Jpn., (E), **20**：375–379.

37) Takemoto, H., Honda, K., Masaki, S., Shimada, Y., & Fujimoto, I. (2006) Measurement of temporal changes in vocal tract area function from 3D cine-MRI data, J. Acoust. Soc. Am., **119**：1037–1049.

38) Narayanan, S., Nayak, K., Lee, S., Sethy, A., & Byrd, D. (2004) An approach to real-time magnetic resonance imaging for speech production, J. Acoust. Soc. Am., **115**：1771–1776.

39) Niebergall, A., Zhang, S., Esther Kunay, E., Keydana, G., Job, M., Uecker, M., & Frahm, J. (2013) Real-time MRI of speaking at a resolution of 33 ms：

undersampled radial FLASH with nonlinear inverse reconstruction, Magnetic resonance in Medicine, **69**：477–485.

40) Takemoto, H., Kitamura, T., Nishimoto, H., & Honda, K.（2004）A method of teeth superimposition on MRI data for accurate measurement of vocal tract shape and dimensions, Acoust. Sci. & Tech., **25**：468–474.

41) 北村達也，平田宏之，本多清志，藤本一郎，島田育廣，正木信夫，西川員史，福井孝太郎，高西淳夫（2007）MRIによる歯列計測法：熱可塑性エラストマー製マウスピースを用いて，信学技報，MI，**107**：1–10.

42) 和久本雅彦，正木信夫，党健武，本多清志，藤本一郎，中村裕二，島田育廣（1997）造影プレートを利用したMRIによる歯冠部造影法とその構音への影響，日本音響学会講演論文集（秋季），397–398.

あ　と　が　き

　本書執筆に際して，著者自身が知っていることを書くのではなく，むしろ著者自身がかねてから知りたいと考えていた内容をぜひ読みたいと思えるような形で出版することを第1に考えた。したがって，執筆作業は書くというより調べることになってしまい，脱稿までには長い時間を要してしまった。言い訳にはならないが，時間がかかりすぎた反面，新しい予備実験の内容を追加することができた。

　本書の中心テーマは，音声が生成される過程についてその因果関係を明らかにすることであった。実用を考えて現代的な理解を短く説明するには，研究の歴史も人体の解剖も必須ではないかもしれない。古い文献や解剖の図版もわれわれの研究対象であることは理解できても，音声研究の長い歴史を遡ることはできない。しかし，時間というフィルタを経て散見される事実は，歴史に残る研究がどのようなものであるかをわれわれに伝えている。解剖学者は取り出した標本を手にして機能を考え，物理学者は道具をつくって音をみたはずである。誰がどの時点で何を考えたのか，著者の興味の一つであった。

　本書を「実験音声科学」と名づけた理由は，著者の音声研究が実験によっていたからにほかならない。著者にとって筋電計測は因果関係を知るための手段であったが，この方法を使う環境が限られるにつれて，磁気共鳴画像法（MRI）がつぎの手段になってきている。MRI は fMRI と違って単に構造がみえるにすぎないが，そこから機能を読む作業はかつての筋電計測の分析と同様に著者の研究方法の中心になっている。そのような経緯もあって，工学教育の職に就きながら解剖にしか興味がないと口外もする。複雑に絡み合った問題は一度バラバラに分解して組み立て直してみれば，既成の技術では解決できなかった方法がみえてくるだろうと期待している。

あ と が き　　*185*

　人体の可視化技術は音声生成機構の理解には必須であり，MRIによる観測法は現在の音声生成研究の強力な手段になっている。装置そのものに大きな可能性があることは明らかであるが，現実には装置を駆使することができる人材がより有用であって，その意味でATR脳活動イメージングセンタ（BAIC）の皆様には感謝に堪えない。

　本書の図の作成にあたり極力自力の作業を目指したが，著者の手に余る画像処理作業については天津大学院生，張句（Zhang Ju），迟雨杰（Chi Yujie），李静（Li Jing）の3氏の力を借りた。また，MRIに基づく3次元画像の多くは著者の手作業ではなく，竹本浩典氏（千葉工業大学）による画像処理によるものであることを記しておく。

索　　引

あ

アクセント	51
アクセント核	54
アクセント下降	55

い

息の音	24
1次運動野	101
1次聴覚野	102
入りわたり	12
因子分析法	73
イントネーション	52

う

運動指令	118
運動節約	70
運動前野	104
運動等価性	70
運動譜	111
運動プログラミング	103

え

エコーニューロン	123
縁上回	123
遠心性コピー	109
円唇母音	74

お

横舌筋	68
オトガイ筋	68
オトガイ腱	68, 147
オトガイ舌筋	56, 68
オトガイ舌骨筋	49, 66
音韻規則化	53
音響管モデル	88
音源・フィルタ理論	9, 37
音声学的動作	120
音声学的モジュール	120
音声知覚の運動説	105, 117
音声知覚の聴覚説	117
音声の共通性	130

音声の個人性	129
音節速度	70
音節の連鎖	25
音節パルス	28
音素知覚	118

か

開音節	19
開口端補正	90
外耳道共鳴	136
外舌筋群	67
外側翼突筋	66
外破音	25
開放端	89
下咽頭腔	89, 138
下　顎	66
下顎運動	67
下顎結合	143
下顎−舌骨−甲状軟骨系	48
可観測性の壁	164
下　丘	113
角　回	123
顎二腹筋	66
下縦舌筋	68
歌唱フォルマント	93, 136
下唇下制筋	68
下前頭回後部	122
カタセシス	55
下頭頂小葉	123
感覚運動野	101
関節運動	46
関連放射	116

き

機械式音声合成装置	81
きこえ	19
軋み声	53
基底核	111
基底膜の振動	14
機能局在	100
機能的結合性解析	103
基本周波数	44

弓状束	100
境界パルス	28
胸骨舌骨筋	46, 66
極端母音	157
筋静水圧器官	159
筋静水圧装置	71
筋弾性空気力学理論	38
筋電計測	46, 74
筋電計測法	179

く

空間時間パタン説	132
空間パタン説	14
句音調	51
句強調	70
口の中の手	71
句頭上昇	52

け

頸椎の前わん	51
経頭蓋磁気刺激法	122
茎突舌筋	68
経軟口蓋鼻腔結合	76, 144

こ

高域フォルマント	136
口　音	144
口蓋挙筋	69
口蓋舌筋	69
口蓋帆挙筋	74
口蓋平面	88, 147
鉤状束	100
甲状軟骨	46
甲状披裂筋	50
口　唇	68
——の突出し	74
口唇開口部	90
口唇周囲筋	74, 180
高速度映画撮影	42
高速度映画撮影法	165
高速度ディジタル撮像装置	
	167

索　　　引　187

光電グロトグラフ法 28, 168
光電ナゾグラフ法 20, 175
喉頭運動野 113
喉頭下降 51
喉頭キモグラフ法 168
喉頭鏡 165
喉頭共鳴 80, 135
喉頭腔 89, 137
喉頭腔共鳴 80, 136
喉頭副次調音 59
喉頭枠組み機能 46
後鼻棘 88, 155
口輪筋 68
口輪筋周辺部 74
声 24, 36
――の高さ 44
声立て時間 25, 57, 121
声立て周波数 57
呼気圧 45, 53
呼気流計測 170
呼気流マスク 171
個人音色周波数領域 131
個人性情報 129
個人性特徴 80
5段階説 54
語頭強化 29
言葉の鎖 108
固有基本周波数 20, 56
固有強度 20
固有持続時間 20

さ
サウンドスペクトログラフ 2

し
磁気共鳴画像法 40, 87, 176
磁気センサシステム 172
視床 111
自然下降 52
歯槽堤 157
舌 67
――の相対サイズ 147
実時間 MRI 動画撮像法 72
実時間撮像法 177
周波数転位フィードバック 115
周波数同調曲線 14
主声道 138
主成分分析法 73
主要調音 76
上咽頭収縮筋 69

上 丘 113
上縦舌筋 68
上唇挙筋 68
上側頭回 102
上側頭溝 122
情動回路 113
小 脳 111
歯列間隙 79
歯列間隙効果 80
歯列撮像 178
神経同期説 38
進行波説 14

す
垂直舌筋 68
ステレオ側視型内視鏡 45
ストロボスコープ法 38, 165
スペクトル全体モデル 4
スペクトル包絡説 153
スペクトル包絡モデル 155

せ
斉射説 16
声 帯 36, 164
声帯振動 37
声帯長 45
声帯張力 45
声帯突起 39
声帯モデル 43
正中矢状断面 176
声 調 52
静的目標理論 11
声 道 65
――の形 87
声道音響モデル 77
声道共鳴 89
声道実体模型 139
声道断面積関数 87
声道長 149
声道変数 26
声道模型 76
生物学的情報 92, 129
声 門 40, 76
声門下圧 45
声門開閉速度率 166
声門開放時間率 166
声門下腔共鳴 86
声門下腔結合効果 80
声門気流音源 41
声門気流雑音 76
声門気流波形 42

声門面積波形 42, 166
舌 窩 72, 152
舌 骨 56
舌骨下筋群 46
舌骨舌筋 68
舌根の調音 154
舌尖型 72
舌体部 72
舌端型 72
舌端部 72
前鼻棘 88, 155

そ
増強効果 86
双鉤金属線電極 179
相対的な舌の大きさ 145
側視型硬性内視鏡 165
側頭下顎関節 67
側頭葉後部 123
側輪状披裂筋 48
そり舌音 72
そり舌母音 72

た
第1フォルマント 4, 74
帯状回 113
体積速度 170
ダイナミックパラトグラフ法 174
第2フォルマント 4
ダウンステップ 55

ち
中咽頭収縮筋 49
中脳水道周囲灰白質 112
調 音 65
――の安定化 82
調音位置 65
調音運動 69
――の個人性 148
調音音韻論 26
調音音声学 65
調音器官 65
調音強度 24
調音結合 70, 84, 117
調音ジェスチャ 26
超音波断層法 174
調音譜 26
調音モデル 73, 110
調音様式 65
調音枠組み空間 157

188　索　　　引

聴覚機構	13	パタンプレイバック	4	放射特性	90
聴覚喉頭反射	114	発語失行	102	飽和効果	82
聴覚遅延フィードバック		発声運動中枢	112	補足運動野	111
	114	**ひ**		ボディカバー理論	38
聴覚フィルタ	17			**ま**	
聴覚野	105	鼻咽腔開口部	69, 143		
調和理論	7	非円唇母音	74	マイクロプロソディ	55
つ		鼻　音	144	膜リード笛	37
		鼻　腔	143	マスキング法	16
追加フォルマント	80, 93	鼻腔音	144	末尾下降	52
強い子音	24	鼻腔共鳴	144	**み**	
て		左下前頭回	102		
		非調和理論	7	ミラーニューロン	110
定在波	88	表面筋電計測法	179	ミラーニューロン説	
出わたり	12	頻度説	15		105, 122
電気的グロトグラフ法	168	**ふ**		**む**	
電子ビーム走査型 CT 装置					
	172	ファイバースコープ	75, 165	無　声	24
伝導失語	124	フォルマント	8	無声子音	24
と		フォルマント拡散度	134	**も**	
		フォルマント遷移	117		
等価矩形帯域	17	フォルマント由来説	153	目標未到達	12, 70
同期サンプル方式	166	フォルマント由来モデル	4	**ゆ**	
動の個人性	147	副次調音	76		
動の指標理論	11	腹側路	106	有限要素法	74
島皮質	102	副鼻腔	143	有　声	24
特性周波数領域	131	不変性	5, 117	有声子音	24
特徴周波数領域	8, 132	フランクフルト平面	142	**よ**	
な		フーリエ調和解析法	2		
		分岐管	79	陽電子断層法	105
内舌筋群	68	噴流説	8	弱い子音	24
内側膝状体	111	**へ**		**り**	
内側翼突筋	67				
軟口蓋	69, 144	閉音節	19	梨状窩	80, 137, 165
に		平均呼気流率	170	両音節性	26
		閉鎖端	89	量子的性質	85
二重経路モデル	106	ベロトレース	20, 175	量子的母音	82
ね		変換聴覚フィードバック		臨界帯域	17
			115	輪状咽頭筋	53
粘膜粘弾性空気力学理論	38	**ほ**		輪状甲状関節	46
の				輪状甲状筋	46, 58
		母　音	2	輪状軟骨	46
脳活動イメージング	105	——の固有素性	20	**れ**	
脳地図	101	——の正規化	130		
は		——の無声化	28	連合野	100
		——の理論論争	7	**わ**	
背側路	106	母音知覚	10		
場所説	14	母音フォルマント	89	話者正規化	152

索　　　　引　　189

B

| Bark 周波数尺度 | 17 |
| Broca 野 | 100 |

C

carry over 型	84
C/D モデル	27
CT–SH モデル	47

D

| DIVA モデル | 109 |

E

| ERB 周波数尺度 | 17 |

F

F0 下降機構	49
F0 上昇機構	49
F0 調節	46
F0 転位フィードバック	114
F1–F2 分布図	4
F1 開始周波数	25, 57

H

Helmholtz 共鳴器	81, 137
Helmholtz の共鳴説	13
Heschl 回	102

I

| IPA 母音チャート | 74 |

L

| look ahead 型 | 84 |

M

| Mallampati 分類 | 145 |
| McGurk 効果 | 109 |

M

| MRI 動画撮像法 | 177 |

P

| PB 理論 | 52 |

W

| Wernicke＝Geschwind モデル | 100 |
| Wernicke 野 | 100 |

X

X 線映画撮影	73
X 線規格撮影法	155
X 線撮影	171
X 線撮像法	87
X 線マイクロビーム装置	172

――著者略歴――

本多　清志（ほんだ　きよし）
1976 年　奈良県立医科大学医学部卒業
1976 年　東京大学医学部付属病院耳鼻咽喉科　医員（研修医）
1978 年　東京大学医学部耳鼻咽喉科学教室　助手
1979 年　東京大学医学部音声言語医学研究施設　助手
1985 年　医学博士（東京大学）
1986 年　金沢工業大学工学部電子工学科　助教授
1991 年　株式会社 ATR 視聴覚機構研究所　主幹研究員
1993 年　株式会社 ATR 人間情報通信研究所　主幹研究員
1998 年　株式会社 ATR 人間情報通信研究所　第四研究室長
2001 年　株式会社 ATR 人間情報科学研究所　第一研究室長
2006 年　フランス国立科学研究センター・パリ第 3 大学　海外招聘研究員
2012 年　中国，天津大学計算機科学技術学院　教授
　　　　現在に至る

実験音声科学──音声事象の成立過程を探る──
Experimental Speech Science
―In search of the generative processes of speech events―

Ⓒ 一般社団法人　日本音響学会 2018

2018 年 8 月 20 日　初版第 1 刷発行

検印省略	編　者	一般社団法人　日本音響学会
	発行者	株式会社　コロナ社
	代表者	牛来真也
	印刷所	萩原印刷株式会社
	製本所	有限会社愛千製本所

112-0011　東京都文京区千石 4-46-10
発行所　株式会社　コロナ社
CORONA PUBLISHING CO., LTD.
Tokyo Japan
振替 00140-8-14844・電話 (03) 3941-3131(代)
ホームページ　http://www.coronasha.co.jp

ISBN 978-4-339-01339-9　C3355　Printed in Japan　　　　（齋藤）

本書のコピー，スキャン，デジタル化等の無断複製・転載は著作権法上での例外を除き禁じられています。
購入者以外の第三者による本書の電子データ化及び電子書籍化は，いかなる場合も認めていません。
落丁・乱丁はお取替えいたします。